Einführung in lineare Strukturgleichungsmodelle mit Stata

Julian Aichholzer

Einführung in lineare Strukturgleichungs-modelle mit Stata

Julian Aichholzer
Universität Wien, Österreich

ISBN 978-3-658-16669-4   ISBN 978-3-658-16670-0   (eBook)
DOI 10.1007/978-3-658-16670-0

Die Deutsche Nationalbibliothek verzeichnet diese Publikation in der Deutschen National-
bibliografie; detaillierte bibliografische Daten sind im Internet über http://dnb.d-nb.de abrufbar.

Springer VS
© Springer Fachmedien Wiesbaden GmbH 2017
Das Werk einschließlich aller seiner Teile ist urheberrechtlich geschützt. Jede Verwertung, die
nicht ausdrücklich vom Urheberrechtsgesetz zugelassen ist, bedarf der vorherigen Zustimmung
des Verlags. Das gilt insbesondere für Vervielfältigungen, Bearbeitungen, Übersetzungen,
Mikroverfilmungen und die Einspeicherung und Verarbeitung in elektronischen Systemen.
Die Wiedergabe von Gebrauchsnamen, Handelsnamen, Warenbezeichnungen usw. in diesem
Werk berechtigt auch ohne besondere Kennzeichnung nicht zu der Annahme, dass solche
Namen im Sinne der Warenzeichen- und Markenschutz-Gesetzgebung als frei zu betrachten
wären und daher von jedermann benutzt werden dürften.
Der Verlag, die Autoren und die Herausgeber gehen davon aus, dass die Angaben und Informa-
tionen in diesem Werk zum Zeitpunkt der Veröffentlichung vollständig und korrekt sind.
Weder der Verlag noch die Autoren oder die Herausgeber übernehmen, ausdrücklich oder
implizit, Gewähr für den Inhalt des Werkes, etwaige Fehler oder Äußerungen. Der Verlag bleibt
im Hinblick auf geografische Zuordnungen und Gebietsbezeichnungen in veröffentlichten Karten
und Institutionsadressen neutral.

Lektorat: Katrin Emmerich

Gedruckt auf säurefreiem und chlorfrei gebleichtem Papier

Springer VS ist Teil von Springer Nature
Die eingetragene Gesellschaft ist Springer Fachmedien Wiesbaden GmbH
Die Anschrift der Gesellschaft ist: Abraham-Lincoln-Str. 46, 65189 Wiesbaden, Germany

Vorwort und Danksagung

Das Schreiben eines Buches gebietet es, einige Worte über dessen Entstehung zu verlieren und Dank an andere Menschen auszusprechen.

Mein Interesse an der Methode und der inhaltlichen Forschung mit Strukturgleichungsmodellen (kurz: SEM) wurde zweifelsohne in meiner Studienzeit der Soziologie an der Universität Wien durch den Austausch mit Gastprofessoren, genauer Experten auf diesem Gebiet geweckt: Willem Saris, Peter Schmidt und Jost Reinecke. Die langjährige Beschäftigung mit SEM bis hin zur Anwendung in meiner Dissertation ist in einen ersten Kurs über SEM mit der Software Stata und schließlich dem Verarbeiten des gesammelten Materials und Schreiben des vorliegenden Manuskripts gemündet. Ich hoffe, damit gleichzeitig Interesse am Thema zu wecken als auch Hilfestellung zu bieten.

Hinsichtlich der Fertigstellung dieses Buches möchte ich Bill Rising von StataCorp für fachliche Unterstützung und den Lektorinnen und Lektoren von Springer VS für redaktionelle Verbesserungen danken. Mögliche verbliebene Fehler in diesem Manuskript sollten dem Autor umgehend verziehen und berichtet werden.

Persönlich danken möchte ich insbesondere meinen Kolleginnen und Kollegen vom (damaligen) Department of Methods in the Social Sciences der Universität Wien für den Austausch über gemeinsame Interessen und die mit ihnen gewachsene Freundschaft. Besonders gedankt sei Sylvia Kritzinger für ihre stetige Unterstützung und die Möglichkeit am Department und im Forschungsnetzwerk der *Austrian National Election Study* (AUTNES) mitzuarbeiten.

Mein Dank gilt natürlich auch meiner lieben Familie. Wenn es eine besondere Widmung geben soll, dann an sie – Kathi, David und Maria.

Julian Aichholzer
Wien, November 2016

Inhalt

Vorwort und Danksagung V

Einleitung 1

1 Warum Strukturgleichungsmodelle anwenden? 5
1.1 Was sind Strukturgleichungsmodelle? 5
1.2 Theoretische und statistische Bedeutung
 von Strukturgleichungsmodellen 7
1.3 „Kausale" Zusammenhänge zwischen Variablen 8
1.4 Beziehung zwischen Konstrukt, Indikatoren und Messfehlern 10
1.5 Das „globale" Strukturgleichungsmodell 11

2 Grundlagen in Stata 13
2.1 Die Kommandosprache: Stata-Syntax 14
2.2 Praktische Anmerkungen und Tipps 15
2.3 Datenformate: Rohdaten und zusammengefasste Daten 16

3 Grundlagen für Strukturgleichungsmodelle 19
3.1 Eigenschaften von Variablen 19
3.2 Darstellung von Strukturgleichungsmodellen 21
3.3 Varianz, Kovarianz, Korrelation und lineare Gleichungen 23
3.4 Lineare Regression und OLS-Schätzung: Statistisches Modell 25
3.5 Effektzerlegung in der multiplen linearen Regression 28
3.6 Exkurs: Beispiel für die Effektzerlegung 29
3.7 Standardisierung von Regressionskoeffizienten 31
3.8 Matrixschreibweise 33
3.9 Exkurs: Kovarianz- und Mittelwertstruktur
 der linearen Regression 34
3.10 Lineare Regression als Strukturgleichungsmodell 39
3.11 Gütemaße: Erklärte Varianz und Relevanz des Modells 42

4	Strukturmodell: Kausalhypothesen als Pfadmodell	47
4.1	Das allgemeine Pfadmodell: Statistisches Modell	48
4.2	Arten von Kausalhypothesen als Pfadmodelle	51
4.3	Effektzerlegung: Direkte, indirekte und totale Effekte	54
4.4	Exkurs: Kovarianz- und Mittelwertstruktur in SEM	56
5	Messmodell: Indikator-Konstrukt-Beziehung und Messfehler	59
5.1	Klassische Testtheorie: Messung, Messfehler und Reliabilität	59
5.2	Was bewirken Messfehler in bivariaten Korrelationen?	62
5.3	Was bewirken Messfehler in der bivariaten linearen Regression?	65
5.4	Was bewirken Messfehler in multivariaten Zusammenhängen?	68
6	Faktorenanalyse: Messmodell latenter Variablen in SEM	73
6.1	Modelle latenter Variablen	73
6.2	Faktorenanalyse: Statistisches Modell	74
6.3	Identifikation latenter Variablen in der Faktorenanalyse	80
6.4	Varianten der Faktorenanalyse: EFA und CFA in Stata	81
6.5	Exkurs: Varianz-Kovarianz-Struktur der Faktorenanalyse	84
6.6	Indikatoren: Messeigenschaften, Zahl und Dimensionalität	85
6.7	Qualität der Indikatoren: Konvergente und diskriminante Validität	87
6.8	Unsystematische und systematische Messfehler	88
6.9	Exkurs: Faktoren höherer Ordnung und Subdimensionen von Indikatoren	89
6.10	Reliabilitätsschätzung im Rahmen der Faktorenanalyse	92
6.11	Analyse latenter Variablen vs. Summenindizes	98
6.12	Exkurs: Formative Messmodelle	101
7	Zusammenfassung: Das vollständige SEM	103
8	Grundlagen der Modellschätzung in SEM	107
8.1	Logik der Modellschätzung in SEM	107
8.2	SEM für welche Daten?	109
8.3	Datenstruktur und Schätzverfahren in Stata	112
8.4	Bedingungen der Modellschätzung: Identifikation des Modells	117
8.5	SEM als globaler Test von Modellrestriktionen	118
8.6	Testen einzelner Modellparameter	121
8.7	Probleme während und nach der Modellschätzung	122

9	Modellbewertung und Ergebnispräsentation	125
9.1	Modellgüte: Das Testen gegen Alternativmodelle	125
9.2	Modellgüte: Fit-Maße	127
9.3	Evaluation von Modellvergleichen	129
9.4	Misspezifikation und Modellmodifikation	132
9.5	Präsentation der Ergebnisse: Tabellen und Pfaddiagramme	134
10	**Anwendungsbeispiele von SEM mit Stata**	**137**
10.1	Theoretisches Modell	137
10.2	Verwendete Daten	138
10.3	Analyse mittels EFA	142
10.4	Analyse mittels CFA	142
10.5	Modellvergleich in der CFA	147
10.6	Prüfung konvergenter und diskriminanter Validität	148
10.7	Reliabilitätsschätzung und Bildung von Summenindizes	148
10.8	Korrelationsanalyse	152
10.9	Regression und Pfadmodell: manifeste vs. latente Variablen	153
10.10	Weitere Modelldiagnose: Alternativmodelle und Modifikation	157
10.11	Diskussion der Ergebnisse	161
11	**Rückblick und Ausblick**	**163**
11.1	Warum SEM anwenden?	163
11.2	Weitere Themen für SEM	164

Appendix	169
Abbildungsverzeichnis	171
Tabellenverzeichnis	173
Verzeichnis der Beispiele	175
Literatur	177
Index	185

Einleitung

Es gibt verschiedene Vorgehensweisen, wie man sich in Form eines Lehrbuchs der Beschreibung statistischer Methoden oder Verfahrensweisen annähern könnte. Eine Variante ist, allgemeine Konzepte in aller Detailtiefe darzustellen und ein möglichst breites Vorwissen zu vermitteln, jedoch ohne gleichzeitig die konkrete Umsetzung für die praktische Arbeit, üblicherweise mit einer bestimmten Statistik-Software, hervorzuheben. Eine andere Variante lautet, sich sehr praktisch entlang der Funktion und Arbeitsweise in der Umgebung einer solchen Statistik-Software den allgemeinen Konzepten zu nähern – hier wird der letzteren Lesart der Vorzug gegeben. Gleichzeitig muss die Leserin oder der Leser keine Aneinanderreihung von Stata-Befehlen im Sinne von Programmiersprachen befürchten. Vielmehr werden zentrale Begriffe und Konzepte in der Literatur rund um die Methode der Strukturgleichungsmodelle (*structural equation models,* im Folgenden kurz: SEM) eingeführt, die zugrunde liegenden statistischen Modelle knapp erläutert und schließlich praktisch in der Software Stata veranschaulicht.

Das vorliegende Manuskript versucht dabei einen Einblick in folgende Themen zu bieten:

(1) Eine komprimierte Darstellung der **Grundlagen von SEM**
(2) SEM als Anwendung in den **Sozial- und Verhaltenswissenschaften** zu verstehen
(3) SEM „**lesen zu lernen**" und ihre Anwendung kritisch zu **reflektieren**
(4) Jene Kenntnisse, die nötig sind, um SEM für **eigene Forschung** zu formulieren
(5) Die **parallele Anleitung und Umsetzung** von SEM in der Statistik-Software **Stata**.

Der Fokus liegt hierbei auf der Formulierung **linearer SEM** als Basis für weitere Modelltypen (d.h. nicht-lineare Funktionen). Der Bereich linearer SEM bzw. die Analyse metrischer abhängiger/endogener Variablen entspricht dem spezialisierten **sem** Befehl in Stata (StataCorp, 2015). Ziel dieser Einführung ist somit als erster wichtiger Schritt, Modelle im Rahmen linearer SEM verstehen und analysieren zu können.

Eine didaktische Vermittlung von SEM mittels der Software **Stata** eignet sich insbesondere aus folgenden Gründen: Stata verfügt über eine vergleichsweise einfache **Kommandosprache** und – seit Version 12 – über einen spezialisierten Befehl zur Analyse linearer SEM, wobei sich dieses Buch auf Stata in der **Version 14** bezieht. Dabei wird grundsätzlich der Bedienung mittels Kommandosprache (Befehle in Stata) anstatt der Menüführung in Stata Vorrang eingeräumt, primär um alle Prozeduren einfach nachvollziehbar zu machen (= Ziel der Replikation). Auf eine Beschreibung der Erstellung von SEM mit dem sogenannten „SEM-Builder" in Stata (eine grafische Benutzeroberfläche) wird jedoch verzichtet. Alle Eingaben über das Menü oder den SEM-Builder liefern jedoch ebenso gültige Befehle im Output. Ein weiterer Vorteil in der Verwendung von Stata ist die Integration der **Datenanalyse** von SEM in die Umgebung einer Software zur **Datenaufbereitung**. Andere spezialisierte SEM-Software-Pakete, wie z. B. M*plus*, LISREL, AMOS oder EQS, sind weniger oder überhaupt nicht zur Aufbereitung von Daten geeignet, sondern erwarten bereits ein konkretes und bereinigtes Set an Daten für die Analyse.

Aufgrund der spezialisierten Thematik wird zweifelsohne vorausgesetzt, dass zumindest basale Grundkenntnisse der Begrifflichkeiten quantitativer empirischer Sozialforschung, der Statistik auf Bachelor-Level sowie erste Kenntnisse in der Bedienung der Software Stata oder auch anderer Statistik-Software vorhanden sind. Alternativ bieten sehr gute **Lehrbücher** hierbei Hilfestellung: Einführungen in Grundlagen empirischer Sozialforschung von Diekmann (2012) oder Schnell, Hill und Esser (2008), Einführungen in die Statistik, z. B. von Diaz-Bone (2013) sowie die umfassende Einführung in Stata von Kohler und Kreuter (2012).

Wie bereits erwähnt, wird versucht, die statistischen Grundlagen von SEM darzulegen und entlang ihrer praktischen Umsetzung in Stata zu erläutern. Dies ersetzt jedoch nicht ausführlichere **Grundlagenbücher über SEM**, wie z. B. das deutsche Standardwerk von Reinecke (2014) oder das in englischer Sprache von Bollen (1989) sowie problemzentrierte Diskussionen von SEM, wie z. B. von Urban und Mayerl (2014). Das bislang einzige englische Buch von Acock (2013) fokussiert stärker auf die Anwendung mit Stata, weniger auf statistische Grundlagen. Wie gezeigt wird, reichen die Grundlagen von SEM jeweils in speziellere Methoden hinein. Auch hier gibt es wiederum vielfach **spezialisierte Grundlagenbücher:** z. B. zur Regressionsanalyse Lewis-Beck (1980), zur Korrelations- und Pfadanalyse z. B. Kenny (1979) oder Saris und Stronkhorst (1984) und zur Faktorenanalyse z. B. Brown (2006).

Lehrbücher zeigen notwendigerweise einen Ist-Stand der Forschung. Neuere Anwendungen und Weiterentwicklungen von SEM und verwandten Modellen werden wiederum vorwiegend in spezialisierten **Zeitschriften** besprochen. Erwähnt werden sollten insbesondere: *Structural Equation Modeling, Psychological*

Methods, Multivariate Behavioral Research, Psychometrika, Sociological Methods & Research, Sociological Methodology, Frontiers in Psychology oder *Educational and Psychological Measurement.* Ein Großteil des Überblicks über die Literatur zu detaillierteren Aspekten und Methoden für SEM nimmt daher auf diese Quellen Bezug. Gleichzeitig wird man in die Lage versetzt, die laufende Forschung über SEM lesen zu lernen und gegebenenfalls Innovationen im Bereich SEM selbst verfolgen zu können.

Der vorliegende Text ist folgendermaßen aufgebaut (eine zusätzliche Zuordnung der Kapitel zu einzelnen praktischen Schritten bietet Abbildung 3, auf S. 12):

Kapitel 1 soll den Ursprung von SEM als Methode sowie den Nutzen des Wissens rund um SEM für die Leserin oder den Leser verdeutlichen. **Kapitel 2** gibt in verkürzter Form relevante Grundlagen in der Anwendung von Stata wieder, **Kapitel 3** die wesentlichen begrifflichen Grundlagen, Konventionen der grafischen Darstellung von SEM als auch statistische Grundlagen für SEM. In **Kapitel 4** wird die Übersetzung von Kausalhypothesen in ein Pfadmodell bzw. Strukturmodell in SEM näher gebracht. Die Definition eines Messmodells sowie Auswirkungen von Messfehlern sind Thema von **Kapitel 5** und werden im Rahmen der Faktorenanalyse in **Kapitel 6** ausführlich besprochen. Die vorläufige Zusammenfassung über die „Sprache" von SEM erfolgt in **Kapitel 7**. Schließlich wird die Logik des Schätzens und Testens von SEM in **Kapitel 8** vorgestellt und, darauf folgend, in **Kapitel 9** die Bestimmung der Modellgüte in SEM, Modellmodifikation und Möglichkeiten der Präsentation von Ergebnissen aus SEM.

Die zuvor diskutierten statistisch-theoretischen Grundlagen für SEM werden danach in Anwendungsbeispielen in **Kapitel 10** mit realen Daten ausführlich vertieft. Abschließend wiederholt **Kapitel 11** die Vorteile von SEM und – in einem Überblick mit Literaturhinweisen – weiterführende Themen und Anwendungen im Rahmen von SEM.

Exkurse in den einzelnen Kapiteln bieten optional zusätzliche Rechenbeispiele in Stata sowie statistisch-theoretische Vertiefungen ausgewählter Themen. Ein **Index** am Ende des Texts bietet eine Übersicht über zentrale Begriffe sowie im Text verwendete Stata-Befehle bzw. einzelne Befehlselemente.

```
Eine Zusammenfassung aller Stata-Kommandos finden Sie
auf der Produktseite des Buches unter www.springer.com.
```

Warum Strukturgleichungsmodelle anwenden? 1

> **Zusammenfassung**
>
> Dieses Kapitel beschreibt den Ursprung von SEM als Analysemethode sowie deren Einordnung und Prominenz in der gegenwärtigen quantitativ-empirischen Forschung. Wie gezeigt wird, erschließt sich ihr Nutzen nicht zuletzt daraus, da SEM das lineare Regressionsmodell (oder ANOVA), Pfadanalyse und Faktorenanalyse vereinen. Damit einhergehend werden Grundbegriffe von SEM, wie „Strukturmodell" (Hypothesen über „kausale" Zusammenhänge zwischen Konstrukten/Variablen) und „Messmodell" (Hypothesen über Indikator-Konstrukt-Beziehungen), als auch die Unterscheidung von manifesten und latenten Variablen eingeführt. Veranschaulicht wird diese Unterscheidung über die nötigen Schritte, um ein SEM zu spezifizieren. Diese Schritte zeigen gleichermaßen den idealtypischen Ablauf der empirischen Prüfung von SEM.

1.1 Was sind Strukturgleichungsmodelle?

Lineare Strukturgleichungsmodelle umfassen multivariate statistische Analyseverfahren und haben ihre Wurzeln, so könnte man kurz zusammenfassen, in der Verschmelzung zweier methodischer Teilgebiete: **Ökonometrie** und **Psychometrie**. Was heißt das?

Die **Ökonometrie** bietet seit langem ein breites Repertoire ausgefeilter statistischer Modelle zur Beschreibung kausaler Zusammenhänge zwischen wirtschaftlichen oder sozialen Phänomenen (= **Variablen**) und hat vielfache Verfahren der statistischen Modellschätzung entwickelt (vgl. Verbeek, 2012). Diese umfassen unter anderem das **allgemeine lineare Modell** und damit die „einfache" **lineare Regression**. Einen Meilenstein bildet unter anderem die Beschreibung der **Pfadanalyse** oder eines **Pfadmodells** durch Wright (1934), welche die Analyse mehrfacher oder simultaner Regressionsgleichungen (*simultaneous equations model*) anstrebt.

Die **Psychometrie** als Teilgebiet der Psychologie oder auch Bildungswissenschaften (vgl. Raykov & Marcoulides, 2011) hat sich primär der statistischen Theorie und Methoden zur Messung nicht direkt beobachtbarer Variablen (= **latenter Variablen**), wie etwa Persönlichkeit oder Intelligenz, verschrieben. Meilensteine für SEM sind hierbei Grundlagen der heute verwendeten **Faktorenanalyse** bei Spearman (1904a) sowie der Arbeit von Thurstone (1947), welche den Zusammenhang zwischen empirischen Messungen bzw. Indikatoren (= **manifeste Variablen**) und ihrer zugrunde liegenden latenten Variablen bzw. gemeinsamen Faktoren (*common factor model*) explizit macht.

Populäre Modelle in den Sozial- und Verhaltenswissenschaften, wie die Regression oder Varianzanalyse (ANOVA), Pfadanalyse und die Faktorenanalyse, sind letztlich Formen oder **Spezialfälle von SEM** (s. dazu auch Kap. 7). Somit liefert das Verständnis über SEM die Grundlage für ein breites Spektrum an statistischen Methoden, die häufig in der quantitativ-empirischen Forschung verwendet werden. Nicht zuletzt lässt sich der Nutzen von Kenntnissen über SEM auch daran bemessen, dass deren **Bedeutung** im Sinne der Häufigkeit ihrer Anwendung in den letzten Jahrzehnten deutlich zugenommen hat (s. Abbildung 1).

Abbildung 1 Referenzen zu SEM im Textkorpus (Quelle: Google Ngram Viewer)

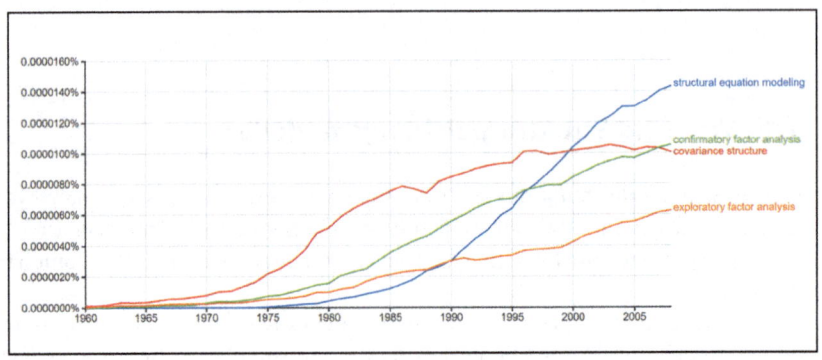

1.2 Theoretische und statistische Bedeutung von Strukturgleichungsmodellen

SEM beruhen auf der Logik quantitativer Sozialforschung, die man ganz allgemein beschreiben könnte als das Auffinden, Beschreiben und schließlich das empirische Testen sozialer Regelmäßigkeiten oder „sozialer Gesetze". Grundsätzlich übersetzen dann SEM sogenannte (Kausal-)Hypothesen über empirische Zusammenhänge zwischen interessierenden Variablen oder auch latenten Konstrukten, d. h. ein **theoretisches Modell**, zunächst in ein **statistisches Modell**. Man spricht hierbei einerseits von einem sogenannten **Strukturmodell** oder **Pfadmodell**. Diese haben meist die simple Form: „x führt zu y, da anzunehmen ist, dass ..." usw.

Darüber hinaus können SEM andererseits auch – oder ausschließlich – Annahmen über die Messung nicht direkt beobachtbarer (= latenter) Variablen über die Spezifikation eines sogenannten **Messmodells** enthalten. Im Messmodell wird nach der üblichen Konstruktspezifikation die konkrete Operationalisierung eines Konstrukts über ausgewählte **Indikatoren** explizit gemacht, wobei theoretisch begründete Korrespondenzregeln die Verbindung zwischen Konstrukt und seinen jeweiligen Indikatoren herstellen sollen. Die zentrale Prämisse hierbei ist, dass Indikatoren eben nicht ident mit dem Konstrukt, sondern mit **Messfehlern** behaftet sind (s. Kap. 5). Die Zuordnung von Indikatoren zu Konstrukten und die Trennung von Konstruktmessung und Messfehler geschieht in linearen SEM schließlich auf Basis der Methode der **Faktorenanalyse** (s. Kap. 6). Auch Stata unterscheidet grundsätzlich zwischen diesen beiden Aspekten – Strukturmodell und Messmodell – und bezeichnet Ergebnisse in der Ausgabe über *Structural* und *Measurement* Parameter.

Zusammenfassend heißt das, dass SEM auch in der Lage sind, **Zusammenhänge zwischen latenten Konstrukten** selbst (d. h. abstrakte soziale Phänomene) exakter zu erforschen, sofern Struktur- und Messmodelle verbunden werden. Als Beispiel: Wie hängen autoritäre Einstellungen und Xenophobie zusammen? Dabei wird versucht, Zusammenhänge eben auf dieser allgemeineren Ebene und nicht der Ebene einzelner Indikatoren, die potenziell immer mit Messfehlern behaftet sind, darzustellen.

Wie bereits erwähnt, verbinden SEM die Methoden lineare Regression bzw. Pfadanalyse und die Faktorenanalyse. Statistisch betrachtet analysieren SEM damit generell **Varianz-Kovarianz-Strukturen** (*covariance structure analysis*) (z. B. Jöreskog, 1978), in der Statistik auch bezeichnet als zweite Momente. Diese Parameter bilden somit die zentrale statistische Grundlage (s. Kap. 3.3). SEM können jedoch auch Informationen über Mittelwertstrukturen beinhalten, die selbst für latente Variablen in einem Modell mit geschätzt werden können (*mean and covariance structure analysis, MACS*) (s. Kap. 4.4).

Die Analyse mit SEM versucht letztlich nichts weniger als den „datenerzeugenden Prozess" nachzubauen, d. h. die Verteilungen (Varianz), Zusammenhänge (Kovarianz) als auch Mittelwertstrukturen in den Daten mit Hilfe eines Modells zu beschreiben und dieses Modell auch statistisch zu prüfen. Idealerweise sollte das Modell daher möglichst **sparsam** sein (*model parsimony*) oder, anders formuliert, geringe **Modellkomplexität** aufweisen. Das heißt, das statistische Modell sollte versuchen, mit möglichst wenigen Parametern die theoretisch unterstellten Gesetzmäßigkeiten oder Ursache-Wirkungs-Zusammenhänge zwischen den Variablen des Modells zu beschreiben.

1.3 „Kausale" Zusammenhänge zwischen Variablen

Die Analysemethode SEM hängt zweifelsfrei stark mit dem Begriff der **Kausalität** (d. h. Ursache und Wirkung) und dem Versuch kausaler Inferenz zusammen, d. h. dem Versuch auf allgemeine soziale Gesetze mit kausalem Element rückzuschließen. Dieser Anspruch ist jedoch nicht spezifisch für SEM, sondern, so könnte man sagen, ein generelles Charakteristikum positivistischer Denkweise, die quantitativer Methodik zugrunde liegt.

Das wohl einfachste statistische Modell würde dann den Zusammenhang zwischen einer erklärenden bzw. exogenen Variablen x und einer bewirkten bzw. endogenen Variablen y über einen (deterministischen) linearen Zusammenhang γ (klein Gamma) beschreiben, nämlich eine **lineare Funktion** (z. B. Kenny, 1979; Lewis-Beck, 1980):

$$y = \alpha + \gamma x$$

Eine Änderung in x um eine Einheit (+1) würde demzufolge eine Änderung exakt um γ Einheiten in y bewirken.

Wie kann man nun überhaupt **Kausalhypothesen** (s. Kap. 4.2) empirisch prüfen? Einerseits kann ein **Forschungsdesign** so ausgelegt sein, sodass ein kausales Element (= Treatment) über das Design sichergestellt wird, wie z. B. über ein Experiment oder Längsschnittdaten (s. Schnell et al., 2008, Kap. 5.4). Andererseits bilden theoretisch fundierte **Hypothesen** (vs. ad-hoc Hypothesen) den Baustein für Vermutungen über den kausalen Zusammenhang zwischen Variablen, die auch mit **Querschnittdaten** oder **Beobachtungsdaten** (*observational data*) untersucht werden können (Saris & Stronkhorst, 1984). Es ist sogar so, dass die meisten Anwendungen von SEM in den Sozialwissenschaften auf Daten basieren, die nicht experimentell erhoben wurden (s. Reinecke, 2014, S. 2).

1.3 „Kausale" Zusammenhänge zwischen Variablen

Experimentelle Daten, so ihr Vorteil, können das „Treatment", d.h. die den Effekt ausübende Variable, bestimmen und damit den Einfluss von konfundierenden Variablen bzw. Drittvariablen isolieren, wohingegen Querschnitt- oder Beobachtungsdaten damit konfrontiert sind, kausale Effekte nicht selbst zu kontrollieren und möglicherweise nicht alle konfundierenden Variablen zu erfassen. Das Problem, das sich daraus ergibt, ist die Frage, ob der tatsächliche Einfluss abgebildet wurde oder ob im statistischen Modell eine Art von **Misspezifikation** vorliegt (*omitted variable bias*).

Die **Minimalbedingungen**, um die Beziehung zwischen einer unabhängigen und abhängigen Variablen als kausale bzw. gerichtete Beziehungen ($x \rightarrow y$) zu interpretieren sind (z.B. Kenny, 1979):

(1) Geringfügige zeitliche **Antezedenz** der Ursache oder zumindest starke Annahmen darüber
(2) Substanzielle empirische **Zusammenhänge** müssen vorliegen
(3) Der Zusammenhang bleibt nach **Kontrolle** anderer Faktoren (Drittvariablen) bestehen. Dennoch kann für (3.) zwischen reiner „Scheinkorrelation" (*spuriousness*) und Interpretation oder Mediation unterschieden werden, wobei für letzteren Fall gilt, dass andere Variablen möglicherweise den Einfluss vermitteln, wenngleich indirekt ein signifikanter Zusammenhang bestehen bleibt (s. dazu ausführlicher Kap. 4.2).

Die zentrale Herausforderung und Aufgabe für die Forscherin oder den Forscher ist daher, jene relevanten Variablen, die eine Scheinkorrelation erzeugen könnten, in ein SEM aufzunehmen, um den Effekt zwischen einer postulierten unabhängigen und einer abhängigen Variablen zu untermauern (Saris & Stronkhorst, 1984).

Zusätzlich legen **Theorien** häufig die Verbindung einer Reihe von Kausalhypothesen, d.h. Annahmen über spezifische Zusammenhänge zwischen mehreren Variablen, als umfassendes „**Strukturmodell**" nahe. Zum Beispiel nennt die „Theory of Planned Behavior" (Ajzen, 1991) eine Reihe von Kausalhypothesen, um den Zusammenhang zwischen Einstellungen zum Verhalten, Verhaltensintention und tatsächlichem Verhalten darzustellen (s. Abbildung 2).

Anders ausgedrückt, kommt ein solches **Strukturmodell** oder **Pfadmodell**, welches hier als **Pfaddiagramm** dargestellt wurde, einer Reihe von einzelnen Regressionsgleichungen gleich (s. Kap. 4.1). Allerdings gibt es nicht, wie in den meisten Regressionsmodellen üblich, eine, sondern mehrere abhängige (= endogene) Variablen. Die simultane Betrachtung mehrerer gerichteter Zusammenhänge bzw. Regressionsgleichungen macht gerade das Charakteristikum von SEM aus.

Ein statistisches Modell, d.h. ein spezifiziertes SEM, kann nun schwerlich Kausalität an sich beweisen. Ziel von SEM ist vielmehr, die **Passung eines Mo-**

Abbildung 2 Strukturmodell der Theory of Planned Behavior (Ajzen, 1991)

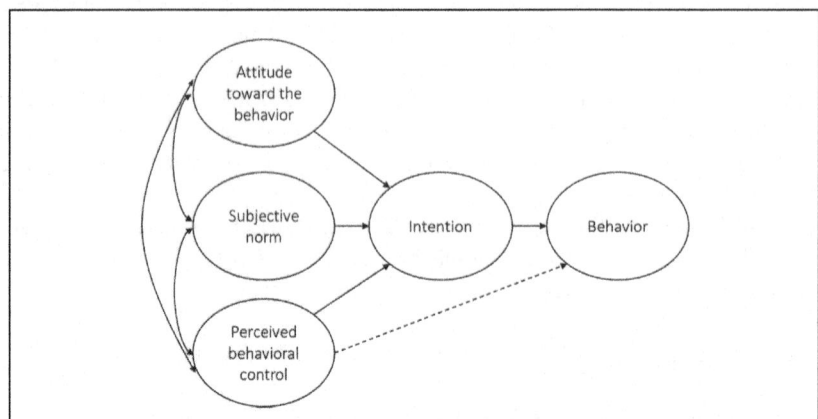

dells zu den empirischen Daten zu prüfen oder, anders gesagt, den datenerzeugenden Prozess (*data generating process*) und dessen Regeln „nachzubauen" und dessen Implikationen zu verstehen. Man sollte sich auch bewusst sein, dass selbst „gut passende" Modelle (s. dazu ausführlicher Kap. 9) noch immer die Problematik aufweisen, dass es alternative Modellspezifikationen geben könnte, die ähnlich gut zu den Daten passen, jedoch andere substanzielle Rückschlüsse aufweisen: sogenannte „äquivalente Modelle" (Hershberger, 2006). Die Leserin oder der Leser ist somit auch selbst aufgefordert, die theoretischen Implikationen eines konkreten Modells im Rahmen von SEM kritisch zu reflektieren. Der vorliegende Text hofft gleichermaßen, die dafür nötigen Kompetenzen zu schaffen.

1.4 Beziehung zwischen Konstrukt, Indikatoren und Messfehlern

Neben der Formulierung von Kausalhypothesen in einem Strukturmodell wissen wir, dass theoretisch interessierende **Konstrukte** (z. B. Xenophobie, Intelligenz, Persönlichkeit etc.) meist nur durch mögliche **Indikatoren** indirekt repräsentiert bzw. imperfekt gemessen werden können. Dies ist, so lautet die Argumentation mancher Autoren, in den Sozialwissenschaften häufig oder fast immer der Fall (vgl. Borsboom, 2008). Die zentrale Prämisse, dass Konstrukte über Indikatoren indirekt repräsentiert werden, kann in SEM über ein sogenanntes **Messmodell** explizit formuliert werden. Auch hier bestimmen letztlich implizit kausale Annahmen die Darstellung des Zusammenhangs zwischen Indikatoren und einem Konstrukt (Edwards & Bagozzi, 2000; s. dazu ausführlicher Kap. 6.1 und 6.11). Die wohl bekannteste Formulierung hierzu ist jene der **Klassischen Testtheorie** (kurz: KTT) (Lord & Novick, 1968; s. dazu ausführlicher Kap. 7.1):

$$x = t + e$$

Die Formel besagt, dass sich der beobachtete Messwert x immer aus dem wahren Wert t eines latenten Merkmals/Konstrukts und einem zufälligen (oder auch unsystematischen bzw. stochastischen) Messfehler e, der eine Art „Verunreinigung" darstellt, zusammensetzt. Die **Faktorenanalyse** als elementarer Bestandteil von SEM greift diese grundlegende Idee der KTT auf, um den Zusammenhang zwischen Konstrukt und mehreren Messungen (Indikatoren) darzustellen. Aus der Beschreibung der Indikator-Konstrukt-Beziehung ergibt sich schließlich ein zentrales Konzept und Gütekriterium der Messung an sich: die **Reliabilität** oder „Genauigkeit" einer Messung. Konkret ist damit gemeint, wie präzise ein Konstrukt gemessen wurde bzw. wie stark die Korrespondenz zwischen Indikator(en) und Konstrukt ist (s. Kap. 5.1 und Kap. 6.10).

Der wesentliche Punkt für die Analyse empirischer Daten ist schließlich, dass eine Missachtung von Messfehlern bei der Beschreibung empirischer Zusammenhänge für gewöhnlich zu inkonsistenten Zusammenhängen und potenziell falschen Rückschlüssen führt (s. dazu ausführlicher Kap. 5). Ein wesentliches Ziel und Vorteil von SEM ist die Möglichkeit, eine **um Messfehler bereinigte Analyse** von Variablenzusammenhängen vorzunehmen.

1.5 Das „globale" Strukturgleichungsmodell

In Summe wird in einem „globalen" SEM das **Strukturmodell** (= Kausalhypothesen) mit **Messmodellen** (= Messhypothesen) verbunden. Sind hingegen alle Variablen im Modell manifest bzw. sind keine expliziten Beziehungen zwischen Indikator und Konstrukt angebbar, spricht man schlichtweg von einem **Pfadmodell** manifester Variablen. Geht es hingegen rein um die Untersuchung der Messung oder Operationalisierung von Konstrukten, handelt es sich um ein **reines Messmodell**, d. h. üblicherweise eine Form der **Faktorenanalyse**.

Gegeben ein von der Forscherin oder dem Forscher erstelltes SEM wird schlussendlich mit **empirischen Daten** „konfrontiert", d. h. empirisch getestet, ist die Grundfrage bei dessen **Beurteilung:** „Entsprechen die empirischen Daten dem hypothetischen Modell?" – oder stärker statistisch formuliert – „Wie wahrscheinlich ist es, dass das Muster in den Daten aufgrund des hypothetischen Modells zustande gekommen ist?" (s. dazu ausführlicher Kap. 9). Ist die Antwort auf Basis bestimmter Kriterien der **Modellgüte** zunächst „nein" bzw. „sehr unwahrscheinlich", stellt sich meist die Frage, ob ein Modell inkorrekt spezifiziert wurde und gegebenenfalls modifiziert werden sollte (= **Modellmodifikation**). Eine alternative Variante wäre, mehrere SEM als **rivalisierende Modelle** theoretischer Erklärungen zu erstellen und dann gegeneinander zu testen. Hier wäre die Frage: „Welches theoretische Modell passt (vergleichsweise) am besten zu den Daten?"

Ist ein konkretes SEM vorläufig akzeptiert und man erhält die eigentlichen **substanziellen Ergebnisse** über die Parameter im Modell, widmet man sich der Frage: „Was sagen die Daten über die Theorie bzw. Hypothesen aus?" Sollen diese beibehalten, verworfen oder neu formuliert werden? – Hier beginnt der Kreislauf wieder von Neuem. Die folgende Grafik (s. Abbildung 3) versucht diesen Kreislauf zwischen theoretischer Begründung und empirischer Prüfung zusammenfassend wiederzugeben.

Abbildung 3 Idealtypischer Ablauf der Anwendung von SEM und Kapitelhinweise

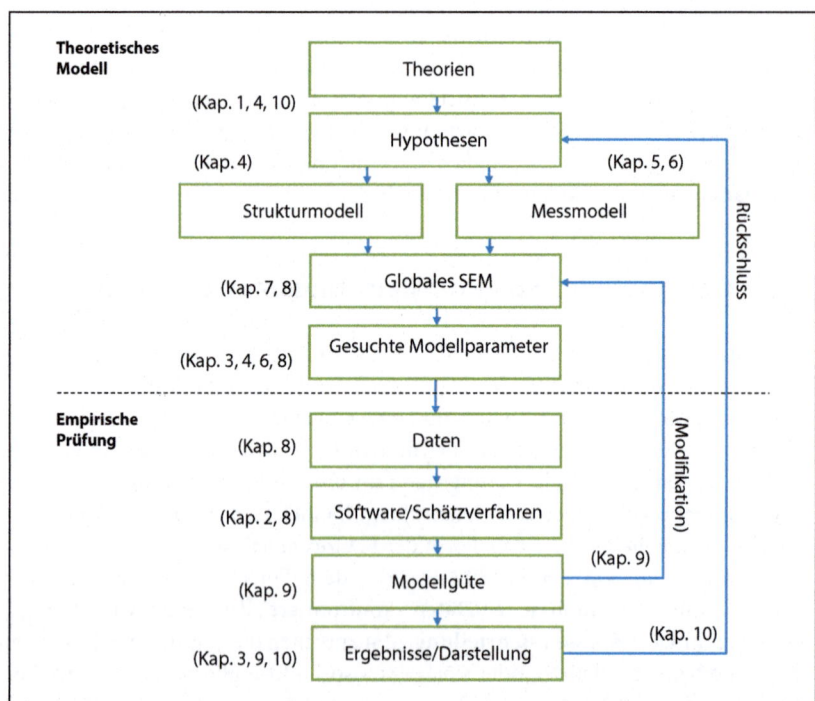

Grundlagen in Stata 2

> **Zusammenfassung**
>
> Dieses Einführungskapitel gibt eine knappe Übersicht über die Grundlagen der Kommandosprache in Stata als Basis für deren laufende Ergänzung im Rahmen der Analyse von SEM. Zusätzlich werden einige Anmerkungen und Tipps zur praktischen Anwendung von Stata generell gegeben. Ein Fokus richtet sich zuletzt auf Datenformate zur Analyse von SEM in Stata, nämlich die Möglichkeit der Analyse zusammengefasster Parameter (*summary statistics*).

Der folgende Abschnitt bietet einen sehr knappen Überblick über den Aufbau und wichtige Befehlselemente in **Stata**. Leserinnen und Leser, die mit der **Kommandosprache** und Datenanalyse in Stata bereits gut vertraut sind, können diesen Teil daher überspringen und zu Kapitel 3 übergehen.

Die Oberfläche von Stata besteht grundsätzlich aus verschiedenen nebeneinander stehenden Fenstern (s. Abbildung 4). Die Oberfläche setzt sich für gewöhnlich zusammen aus:

- Befehlsfenster (Eingabe von Kommandos): *Command*
- Review-Fenster (Rückblick auf Eingaben): *Review*
- Variablenliste (Variablennamen und deren Beschreibung): *Variables*
- Ergebnisfenster (Output der Analysen und Berechnungen)

Abbildung 4 Benutzeroberfläche in Stata

2.1 Die Kommandosprache: Stata-Syntax

Alle Befehlselemente der **Kommandosprache** in Stata (= Befehle) werden im Folgenden jeweils mittels der Schriftart Courier hervorgehoben. In diesem Skriptum wird, wie bereits erwähnt, deren Verwendung über das Befehlsfenster (*Command*) oder sogenannte do-Files in Stata nahe gelegt. Es sei jedoch darauf hingewiesen, dass sich alternativ ein Großteil der Operationen auch über das Menü und den eigens entwickelten „SEM Builder" als grafische Eingabe in Stata durchführen ließe.

Generell bietet die Software Stata eine vergleichsweise einfache **Kommandosprache**. Alle Befehle haben die folgende allgemeine Form (= Syntaxdiagramm):

com̱mand [*varlist*] [if] [in] [weight] [, options]

Elemente ohne Klammern bzw. in runden Klammern bedeuten, dass diese erwähnt werden müssen. Elemente in eckigen Klammern sind erlaubt, können also, müssen aber nicht angegeben werden. Nicht erlaubte Elemente werden im Syntaxdiagramm nicht genannt. Darüber hinaus sind jeweils erlaubte **Abkürzungen des Befehls** oder seiner Optionen durch Unterstreichung gekennzeichnet, wie z. B. ẖelp (Befehl zum Aufruf der Hilfe-Funktion).

Das Element [varlist] steht für einen oder mehrere **Variablennamen**. Für beliebige Zufallsvariablen wird auch im Folgenden die Beschreibung varname oder varlist verwendet. Mehrere Variablen werden durch Leerzeichen getrennt oder über Symbole angegeben: von bis „-" sowie eine beliebige Erweiterung „?" oder mehrere beliebige Erweiterungen des Variablennamens „*". Abkürzungen der Variablennamen sind ebenfalls erlaubt, solange diese eindeutig zuordenbar sind.

Das Element [if] beschreibt eine **Bedingung** („...wenn zutrifft, dass..."), die den Befehl auf bestimmte Beobachtungen einschränkt und somit eine Art Filter ist. Ausdrücke in der if-Bedingung können mit Hilfe von Operatoren und Funktionen definiert werden (s. help operators).

Das Element [in] beschreibt ebenfalls eine Bedingung, die den Befehl jedoch auf bestimmte Beobachtungen laut der aktuellen **Sortierung** im Datensatz beschränkt. Die in-Bedingung ist somit immer nur in Verbindung mit einer zuvor definierten Sortierung der Daten, z. B. mittels sort, sinnvoll.

Das Element [weight] beschreibt grundsätzlich vier mögliche **Gewichtungstypen** (s. help weights), wie etwa Wahrscheinlichkeitsgewichte [pweight] zur Korrektur ungleicher Auswahlwahrscheinlichkeiten. Je nach Befehl sind unterschiedliche Gewichtungstypen erlaubt. Die Verwendung von Gewichten für den sem Befehl ist bspw. in Kombination mit [pweight] sowie der Definition eines konkreten Stichprobendesigns (s. help svyset) und dem Präfix svy:sem möglich.

Das Element [, options] beschreibt alle zusätzlichen **Optionen** zum Befehl und oftmals wichtige Erweiterungen in der Analyse. Diese werden jedenfalls immer nach einem Komma angegeben. Im entsprechenden Hilfemenü des Hauptbefehls werden die Optionen, deren Funktion im Detail sowie mögliche Abkürzungen der Befehle erläutert.

2.2 Praktische Anmerkungen und Tipps

Die praktische Verwendung der Kommandosprache in Stata mit Fokus SEM wird in den folgenden Kapiteln laufend eingeführt und ergänzt. Dennoch seien hier einige hilfreiche Anmerkungen und Tipps allgemeiner Natur erwähnt:

- Der Befehl help führt immer in das **Hilfefenster** und kann mit spezifischen Kommandos verbunden werden, z.B. help regress.
- Stata unterscheidet zwischen **Groß- und Kleinschreibung** (*case sensitivity*), d. h. „sem" und „SEM" ist nicht ident. Dies ist insofern von Bedeutung als der sem Befehl defaultmäßig Variablen, die mit **Großbuchstaben** beginnen, als latente und daher nicht gemessene Variablen erkennt. Diese Grundeinstellung

kann im Zuge des sem Befehls mit der Option sem *paths* ..., nocapslatent aufgehoben werden.
- Im Befehlsfenster können über die Tastatur mit Bild↑ und Bild↓ zur **Wiederholung** alle eingegebenen Befehle wieder aufgerufen werden. Auch kann hierzu das Review-Fenster herangezogen werden.
- **Befehle** (Kommandos) können in Stata über das Befehlsfenster eingegeben werden oder über sogenannte do-Files (einfache Textfiles), die über doedit aufgerufen werden. Hier gilt schlichtweg der Vorteil der Nachvollziehbarkeit. Das gesamte do-File oder Zeilen daraus können schließlich mit dem Kürzel Strg+D ausgeführt werden.
- Bei langen Befehlen in do-Files eignen sich **Zeilenumbrüche** mittels der folgenden Zeichenabfolge: ///
- Eine einfache **Suche** nach einem Variablen-Label, d. h. der Bezeichnung einer Variablen, ermöglicht bspw. der Befehl lookfor *string*.
- Zum Anzeigen längerer **Outputs**, anstatt einer schrittweisen Ausgabe mit Stopps (-more- im Ergebnisfenster), kann man set more off, permanently einstellen.
- Nachdem ein Befehl ausgeführt wurde, werden **Ergebnisse** (Koeffizienten, Modellparameter, etc.) immer kurzfristig gespeichert und können mittels return list (Koeffizienten) oder ereturn list (Modellparameter, Schätzergebnisse) aufgelistet werden.
- Koeffizienten aus gespeicherten **Modellergebnissen** sind mittels display (für Skalare) sowie matrix list (für Matrizen) einsehbar und können weiter verwendet werden.
- Von Nutzerinnen oder Nutzern geschriebene zusätzliche bzw. spezialisierte Befehle (**Zusatzpakete**) in Stata (Ado-Files) können über den Befehl net search *word* im **Internet** gesucht und danach selbst installiert werden.

2.3 Datenformate: Rohdaten und zusammengefasste Daten

Stata kann, so wie andere Software-Pakete auch, verschiedenste Formate von **Rohdaten** einlesen (s. dazu ausführlicher z. B. Kohler & Kreuter, 2012, Kap. 10). Diese mit Stata kompatiblen Datenfiles werden schließlich als *.dta-Files gespeichert und können – optional unter Angabe des Speicherortes – aufgerufen werden mit:

use *filename* [, clear nolabel]

2.3 Datenformate: Rohdaten und zusammengefasste Daten

Eine Besonderheit im Rahmen der Analyse mit dem sem Befehl ist, dass auch **zusammengefasste Parameter** aus einem Datensatz (*summary statistics*), wie Kovarianzen, Korrelationen und Mittelwerte sowie die Zahl der Fälle (Beobachtungseinheiten), eingelesen und analysiert werden können. Der Grund ist, dass solche Parameter oftmals mit publiziert werden, um Analysen replizieren zu können (McDonald & Ho, 2002). Hierzu dient der Hauptbefehl ssd und wird mit ssd init *varlist* (Liste der Variablen) eingeleitet. Ein Beispiel soll mit fiktiven Daten für drei Variablen (hier: y, x1 und x2) die Verwendung veranschaulichen (s. Beispiel 1). Ein weiteres Beispiel zur Erstellung künstlicher Rohdaten aus zusammengefassten Parametern wird in Beispiel 2 (auf S. 30) angeführt.

Wichtig ist, sich zu vergegenwärtigen, dass der beschriebene Datensatz nicht wirklich Informationen über 500 Fälle enthält (Rohdaten), sondern lediglich zusammengefasste Parameter. Sonst übliche Analyseschritte wären somit irreführend und falsch. Da in SEM generell Varianz-Kovarianz-Strukturen und Mittelwertstrukturen analysiert werden, erlaubt der sem Befehl jedoch dies zu berücksichtigen und liefert eine korrekte Abbildung der Datenstruktur aus den zuvor beschriebenen Variablen. Eine Angabe, dass es sich um zusammengefasste Parameter handelt, ist im Rahmen des sem Befehls daher nicht weiter notwendig.

Beispiel 1 Erstellung fiktiver Daten für Analysebeispiele – Variante 1

```
clear
ssd init y x1 x2
ssd set observations 500
ssd set means 2 3 4
ssd set sd 5 6 7

ssd set correlations 1 \ .4 1 \ .3 .25 1
. ssd list

  Observations = 500

  Means:
    y   x1  x2
    2   3   4

  Standard deviations:
    y   x1  x2
    5   6   7

  Correlations:
      y    x1   x2
     1
    .4    1
    .3   .25    1
```

Grundlagen für Strukturgleichungsmodelle 3

> **Zusammenfassung**
>
> Dieses Kapitel hat einerseits das Ziel, die begrifflichen Grundlagen und Konventionen für SEM vorzustellen: Eigenschaften oder Arten von Variablen in SEM sowie die Darstellung von SEM über Pfaddiagramme oder als Gleichungssystem über die Matrixschreibweise. Andererseits soll das nötige Vorwissen über wesentliche statistische Grundlagen für SEM geschaffen oder wiederholt und vertieft werden. Hierzu zählen: Varianz, Kovarianz, Korrelation und lineare Gleichungen. Der Fokus richtet sich schließlich auf die lineare Regression als Grundmodell und Spezialfall linearer SEM: statistische Grundlagen der (multiplen) linearen Regression, Schätzung mittels OLS- und ML-Funktion, Effektzerlegung, Standardisierung von Regressionskoeffizienten, Matrixschreibweise sowie die Kovarianz- und Mittelwertstruktur der linearen Regression. Abschließend wird die Bedeutung der erklärten Varianz (R^2) als Gütemaß erörtert.

3.1 Eigenschaften von Variablen

Die Grundlage statistischer Modelle und Hypothesen ist, abstrakt gesprochen, die Analyse von „**Variablen**" (oder Zufallsvariablen). Eine beliebige Variable x_k (Subskript für $k = 1, \dots, K$ beobachtete Variablen) enthält per Definition die **Summe aller Merkmalsausprägungen** aller n Beobachtungseinheiten bzw. Merkmalsträger, bezeichnet über das individuelle Subskript $i = 1, \dots, n$. Die gemessene Variable „Alter" enthält demnach bspw. eine Liste aller Einträge zum Alter in Jahren für alle erfassten Personen:

$$x_k = \begin{bmatrix} x_{k_1} \\ x_{k_2} \\ \dots \\ x_{k_n} \end{bmatrix} \text{ oder z.B. } x_{(Alter)} = \begin{bmatrix} 18 \\ 49 \\ \dots \\ 93 \end{bmatrix}$$

Im mathematischen Sinn und im vorliegenden Datensatz ist eine Variable also schlichtweg ein Spaltenvektor und alle K Variablen in einem Datensatz ergeben damit die meist übliche Datenmatrix der Größe $n \times K$.

Variablen können zudem nach ihrem jeweiligen **Messniveau** (Skalenniveau) bzw. Informationsgehalt – nominalskaliert, ordinalskaliert, intervallskaliert, ratioskaliert – eingeteilt werden (Stevens, 1946). Hierbei geht es also um die Bedeutung der numerischen Werte bzw. dem Verhältnis des „empirischen Relativs" zum „numerischen Relativ" und im Wesentlichen um sinnvolle mathematisch-statistische Rechenoperationen mit den Werten einer Variablen (s. dazu Diekmann, 2012; Schnell et al., 2008).

Zusätzlich wird bei der Formulierung von (Mess-)Hypothesen und damit in statistischen Modellen einerseits die „**kausale Rolle**" von Variablen (d.h. endogen oder exogen) definiert sowie, andererseits, deren **Natur** im Sinne ihrer unmittelbaren oder mittelbaren Messbarkeit (d.h. manifest oder latent) unterschieden (s. deren unterschiedliche Notation in SEM im Appendix): Variablen werden in einem Modell bzw. Gleichungssystem als **endogen** bezeichnet, wenn diese von anderen Variablen abhängig sind bzw. beeinflusst werden (*dependent*). Variablen werden als **exogen** bezeichnet, sofern ihre Ausprägungen als weitgehend unabhängig von anderen Faktoren betrachtet werden können (*independent*). De facto bieten entweder theoretische Erklärungen oder auch Forschungsdesigns eine Entscheidung für diese Zuordnung. Zudem lässt sich eine Unterscheidung in **manifeste** (direkt beobachtbare) und **latente** (nicht-direkt beobachtbare, verborgene) Variablen treffen. Manifeste Variablen werden daher auch als **Indikatoren** oder in der Survey-Forschung und Testkonstruktion meist als **Items** bezeichnet. Auch hier gilt, dass prinzipiell theoretische oder praktische Entscheidungen (z.B. Möglichkeiten der empirischen Messung) über die Natur von Variablen getroffen werden (vgl. Borsboom, 2008).

Linearen SEM liegt zudem die Annahme zugrunde, dass alle endogenen Variablen und alle latenten Variablen im Modell **metrisches Messniveau** aufweisen (d.h. intervall- oder ratioskaliert sind) bzw. werden sie als solche behandelt. Insofern stellt sich oftmals die Frage, ob dies für **ordinale** oder **quasi-metrische** Skalen in Befragungsdaten unterstellt werden darf (s. dazu ausführlicher Kap. 8.2). Obwohl es hier keine exakten Faustregeln gibt, sollten ordinale Indikatoren zumindest fünf oder mehr quasi-metrisch interpretierbare Kategorien aufweisen (vgl. Rhemtulla et al., 2012). Die Eigenschaft metrischen Messniveaus hängt mit weiteren statistischen Annahmen der **Verteilung** als Grundlage für Schätzmethoden in SEM zusammen. Für gewöhnlich wird unterstellt, dass alle Variablen im Modell kontinuierlich (metrisch) und normalverteilt sind sowie einer gemeinsamen **multivariaten Normalverteilung** (MVN) unterliegen, was – realistisch betrachtet – in sozialwissenschaftlichen Daten jedoch selten der Fall ist (vgl. Arzheimer,

2016; Urban & Mayerl, 2014). Das Vorliegen von MVN ist bspw. die Annahme des am häufigsten verwendeten Maximum-Likelihood (ML) Schätzverfahrens, nicht jedoch zwingend bei alternativen Schätzverfahren (vgl. Finney & DiStefano, 2006; s. dazu ausführlicher Kap. 8.2).

3.2 Darstellung von Strukturgleichungsmodellen

Nachdem die Begrifflichkeiten und Arten von Variablen eingeführt wurden, soll nun allgemein auf die Darstellung von SEM eingegangen werden. Hierzu bieten sich prinzipiell zwei Möglichkeiten an: (1.) die grafische Darstellung mittels **Pfaddiagramm** oder (2.) die Ausformulierung von **Gleichungssystemen**, häufig über die **Matrixschreibweise** (Matrixalgebra). In beiden Fällen werden zur Darstellung der Variablen und Parameter üblicherweise Buchstaben aus dem griechischen Alphabet verwendet (s. auch den Appendix für Beispiele).

Pfaddiagramme zeigen die theoretisch unterstellten Zusammenhänge zwischen Variablen über die Verknüpfung von Symbolen, nämlich Rechtecke oder Kreise/Ellipsen (= Variablen im Modell) mittels Pfeilen (= gerichtete/ungerichtete Beziehungen oder Effekte). Diese Darstellungen können mehr oder weniger komplex sein und für ungeübte Leserinnen oder Leser oftmals zu Verwirrung führen. Dennoch haben sich einige Konventionen hinsichtlich der Darstellung etabliert, die auch im Folgenden angewandt werden (s. Tabelle 1). Alle eingehenden Pfeile (gerichtete Beziehungen) zeigen im Prinzip den Bezug hinsichtlich zu schätzender Koeffizienten und Variablen auf der rechten Seite einer linearen Gleichung (s. Kap. 3.4), d. h. die Zerlegung einer Variablen (bzw. ihrer Varianz) in ihre einzelnen „Bestandteile". Pfade mit beiderseitigen Pfeilen zeigen ungerichtete Beziehungen bzw. Kovarianzen (Korrelationen).

SEM als **Gleichungssysteme** müssen logischerweise ident mit einem Pfaddiagramm sein, d. h. dieselbe Information transportieren. Die **Matrixschreibweise** oder Matrixalgebra (s. Kap. 3.8) dient schließlich der Vereinfachung komplexer Gleichungssysteme und bietet üblicherweise die allgemeinste Darstellung der Form statistischer Modelle und ihrer Annahmen. Die allgemeine (Struktur-)Gleichung für ein SEM lautet (s. StataCorp, 2015: Methods and formulas for sem/Model and parameterization):

$$Y = \alpha + BY + \Gamma X + \zeta$$

Hierunter fallen alle spezielleren Formen, wie z. B. Regression, Pfadanalyse und Faktorenanalyse. Die hier und im weiteren Verlauf verwendeten Symbole für SEM und deren Bedeutung werden Schritt für Schritt in jedem Kapitel eingeführt und

Tabelle 1 Konventionen in der Darstellung von SEM als Pfaddiagramm

Darstellung	Bedeutung
$x \xrightarrow{\gamma} y$, mit $\varepsilon \downarrow 1$ auf y	Gerichtete Beziehung mit manifesten Variablen (= Rechtecke). Manifeste exogene Variable x, manifeste endogene Variable y mit Residuum einer manifesten Variable ε. Ergibt eine lineare Gleichung: $y = \gamma x + \varepsilon$
$\xi \xrightarrow{\gamma} \eta$, mit $\zeta \downarrow 1$ auf η	Gerichtete Beziehung mit latenten Variablen (= Ellipsen). Latente exogene Variable ξ und latente endogene Variable η mit Residuum einer latenten Variable ζ.
$\xi_1 \overset{\sigma}{\longleftrightarrow} \xi_2$	Die Kovarianz (ungerichtete Beziehung) zwischen Variablen.
$\varepsilon \downarrow 1 \to y$; $\varepsilon \downarrow 1 \to y$	Darstellung der Residualvariable ε (oder auch ζ) verkürzt als Buchstabe oder als selbständige exogene (latente) Variable.
$\phi \circlearrowright x$; $\psi \circlearrowright \varepsilon$	Die Varianz wird manchmal dargestellt als Selbstreferenz (Kovarianz mit sich selbst), hier für die Varianz exogener Variablen ϕ bzw. für die Residualvarianz ψ.
$x \xrightarrow{\gamma} y$, mit Konstante $1 \xrightarrow{\alpha}$ und $\varepsilon \downarrow 1$ auf y	Die zusätzliche Darstellung von Mittelwerten oder Konstanten (= Dreieck und Koeffizient) ergibt ebenfalls eine lineare Gleichung (z. B. bivariate Regression): $y = \alpha + \gamma x + \varepsilon$
Eta mit x1, z; y1, y2, y3; e1, e2, e3	Beispiel für die grafische Darstellung von SEM in Stata („SEM Builder").

werden abschließend in Kapitel 7 sowie im Appendix komprimiert zusammengefasst. In den folgenden Kapiteln wird aus didaktischen Gründen versucht, so weit wie möglich, der Leserin oder dem Leser jeweils beide Darstellungsformen, d. h. **Pfaddiagramme** und ausformulierte mathematische **Gleichungen**, anzubieten.

3.3 Varianz, Kovarianz, Korrelation und lineare Gleichungen

Wie bereits eingangs erwähnt, basieren lineare SEM generell auf der Analyse von Varianz-Kovarianz-Strukturen zwischen Variablen. Mit den folgenden Darstellungen soll daher ein Vorwissen über die wesentlichen statistischen Grundlagen für SEM geschaffen (oder wiederholt und vertieft) werden. Wir fokussieren daher zunächst auf die deskriptivstatistischen Aspekte von SEM, um dann weiter die Grundlagen der Regression zu besprechen.

Die empirische **Varianz** Var(x) als Maß der Homogenität oder Heterogenität einer metrischen Variablen x wird in Stata berechnet nach:

$$\text{Var}(x) = \frac{\sum (x_i - \bar{x})^2}{n - 1}$$

Die **Standardabweichung** (SD, *standard deviation*) ergibt sich schließlich aus der Wurzel der Varianz:

$$\text{SD}(x) = \sqrt{\text{Var}(x)}$$

Die Varianz und Standardabweichung von Variablen lässt sich in Stata z. B. ausgeben mittels:

```
summarize varlist, detail
```

Außerdem kann verwendet werden:

```
tabstat varlist, statistics(var sd)
```

Als Spezialfall für **standardisierte Variablen** ($\tilde{x}$) bspw. bei **z-Standardisierung** gilt:

$$\text{Var}(\tilde{x}) = \text{SD}(\tilde{x}) = 1$$

Die empirische **Kovarianz** als Maß der gemeinsamen Variation zwischen zwei metrischen Variablen Cov(x, y) berechnet sich nach:

$$\text{Cov}(x, y) = \frac{\Sigma(x_i - \bar{x})(y_i - \bar{y})}{n - 1}$$

Die empirische (Stichproben-)Kovarianz lässt sich in Stata berechnen mittels:

```
correlate varlist, covariance
```

Man spricht auch von der auf diese Weise berechneten **empirischen Kovarianzmatrix** oder **Stichprobenkovarianzmatrix** der Daten (Varianzen in den Einträgen der Diagonale, Kovarianzen in den Einträgen unterhalb und oberhalb der Diagonale), bezeichnet über S. Sie kann auf Basis der Rohdaten berechnet werden oder auch aus Sekundärdaten vorliegen. Die Stichprobenkovarianzmatrix dient jedenfalls als Basis für alle inferenzstatistischen Tests im Rahmen von SEM.

Es seien zudem einige Grundregeln der **Kovarianz-Algebra** erwähnt:

- Die Kovarianz einer Variablen x mit sich selbst ergibt wiederum deren Varianz, d. h. Cov(x, x) = Var(x) (s. auch die Darstellung in Tabelle 1).
- Die Kovarianz mit einer Konstanten k, d. h. bei Var(k) = 0, ist immer Null, d. h. Cov(x, k) = 0. Als Sprichwort gilt daher: „Wo keine Varianz, da keine Kovarianz".
- Die Varianz von addierten Variablen lässt sich berechnen nach: Var(x + y) = Var(x) + Var(y) + 2Cov(x, y). Sind die Variablen jedoch völlig unkorreliert, d. h. Cov(x, y) = 0, kann somit vereinfacht werden: Var(x + y) = Var(x) + Var(y). Letzteres Prinzip spielt also bspw. in der Varianzzerlegung von abhängigen Variablen in Regressionsmodellen eine Rolle (= Dekompositionsregel).
- Außerdem gilt, dass Cov((x + y), z) = Cov(x, z) +Cov(y, z). Werden somit mehrere Variablen addiert, die mit einem gemeinsamen Kriterium (hier: z) in ähnlicher Weise assoziiert sind, erhöht sich die gesamte Kovarianz.

Die meistens verwendete **Korrelation** nach Pearson r bzw. Corr(x, y) ergibt sich schließlich als normiertes Maß (mit Werten zwischen −1 und +1) aus der Division der Kovarianz durch das Produkt der Standardabweichungen der involvierten Variablen. Die Formulierung zeigt allerdings auch, dass die Korrelation ident ist zur **Kovarianz zweier standardisierter Variablen** (s. oben), also wenn gilt, dass Var($\tilde{x}$) = Var($\tilde{y}$) = 1:

$$r_{xy} = \text{Corr}(x, y) = \frac{\text{Cov}(x, y)}{\sqrt{\text{Var}(x)}\sqrt{\text{Var}(y)}}$$

Die Pearson-Korrelation (r) zwischen Variablen lässt sich in Stata einfach berechnen mittels:

`correlate varlist`

Schließlich ist die zentrale Grundlage von SEM die Formulierung **linearer Gleichungen** der Art (Subskript i für Beobachtungen wird hierbei ausgelassen):

$$y = \alpha + \gamma x$$

Dies erlaubt den Zusammenhang zwischen Variablen y und x über eine **Konstante** (*intercept*) α (klein Alpha) und die **Steigung** (*slope*) γ (klein Gamma) zu beschreiben. Ist dieser Zusammenhang zwischen Variablen jedoch – wie praktisch immer in den Sozialwissenschaften – nicht als „perfekt" (**deterministisch**) beschreibbar, muss ein weiterer Term für „zufällige" (**stochastische**) Abweichungen ε (klein Epsilon) hinzugenommen werden, das sogenannte „Residuum" (s. Lewis-Beck, 1980, S. 10; Wolf & Best, 2010, S. 608):

$$y = \alpha + \gamma x + \varepsilon$$

Jede abhängige (endogene) Variable, d.h. die Variation ihrer Ausprägungen, soll schließlich darstellbar sein als Kombination der Variation unabhängiger (exogener) Variablen – jene Variablen auf der rechten Seite der Gleichung. Die genannte Gleichung unter Hinzunahme eines Residuums entspricht somit gleichzeitig der allgemeinen Formel für die (bivariate) **lineare Regression**.

3.4 Lineare Regression und OLS-Schätzung: Statistisches Modell

Eine der zentralen Grundlagen für lineare SEM ist das „einfache" **lineare Regressionsmodell** (vgl. dazu ausführlicher z.B. Lewis-Beck, 1980; Verbeek, 2012; Wolf & Best, 2010). Die Regression testet dabei immer folgende Form von Kausalhypothese: Eine zu erklärende abhängige (endogene) Variable y soll durch eine oder mehrere unabhängige (exogene) Variablen x_k (für alle $k = 1, \ldots, K$ Variablen) erklärt werden, wobei jeweils deren spezifischer (von anderen Variablen unabhängiger) und direkter **Einfluss** (= direkter **Effekt**) geschätzt werden soll.

Eine Hypothese könnte lauten, dass sich die Absicht an einer Wahl teilzunehmen (z.B. ein Maß der Wahrscheinlichkeit) aus der politischen Selbstwirksamkeit, Bildung sowie politischem Wissen erklären lässt. Potenziell sind diese erklärenden (unabhängigen, exogenen) Variablen auch untereinander korreliert. Dieser Zusammenhang lässt sich grafisch als Pfaddiagramm darstellen (s. Abbildung 5). Dabei wird 1 endogene Variable von 3 exogenen Variablen + 1 Residuum unterschieden.

Mit der **bivariaten linearen Regression** beschreiben wir zunächst den Zusammenhang zwischen zwei Zufallsvariablen, einer endogenen (abhängigen) Variablen y und einer exogenen (unabhängigen) Variablen x, wie folgt:

$$y = \alpha + \gamma x + \varepsilon$$

Außerdem soll gelten, dass:

$$E(\varepsilon) = 0 \text{ und } Cov(x, \varepsilon) = 0$$

Das heißt, Residuen haben stets den Erwartungswert 0 und die Kovarianz zwischen der erklärenden (exogenen) Variablen und dem Residuum muss für eine akkurate (konsistente) Schätzung 0 sein.

Der **Regressionskoeffizient** γ (klein Gamma) gibt Auskunft über die geschätzte Veränderung in y, wenn x um eine Einheit (+1) steigt und beschreibt somit stets einen linearen Zusammenhang bzw. eine lineare Funktion. Die **Konstante** (*intercept*) α steht für den geschätzten Wert der endogenen Variablen, wenn die unabhängige Variable der Gleichung den Wert 0 annimmt.

Residuen stellen die Abweichung des durch das Modell geschätzten Wertes ($\hat{y}$) vom beobachteten Wert (y) dar ($\varepsilon = y - \hat{y}$). Für die **geschätzten Werte** der abhängigen (endogenen) Variable und **Residuen** ε gilt daher:

$$\hat{y} = y - \varepsilon = \alpha + \gamma x$$

In einer weiteren Interpretation stellt das Residuum ε im Prinzip eine weitere latente, da nicht beobachtete, exogene Variable bzw. die Sammlung aller anderen exogenen und nicht berücksichtigten Variablen in der Gleichung dar.

Üblicherweise wird zur statistischen Schätzung des Modells, d. h. zur bestmöglichen Beschreibung des linearen Zusammenhangs, die Methode der kleinsten Quadrate verwendet (OLS, *ordinary least squares*). Das **OLS-Schätzverfahren** besagt genauer, dass die Summe der Quadrate der Residuen minimiert werden soll (s. für mathematisch detailliertere Darstellungen z. B. Verbeek, 2012, S. 12 f; Wolf & Best, 2010, S. 614 f):

$$\sum \varepsilon^2 \rightarrow min!$$

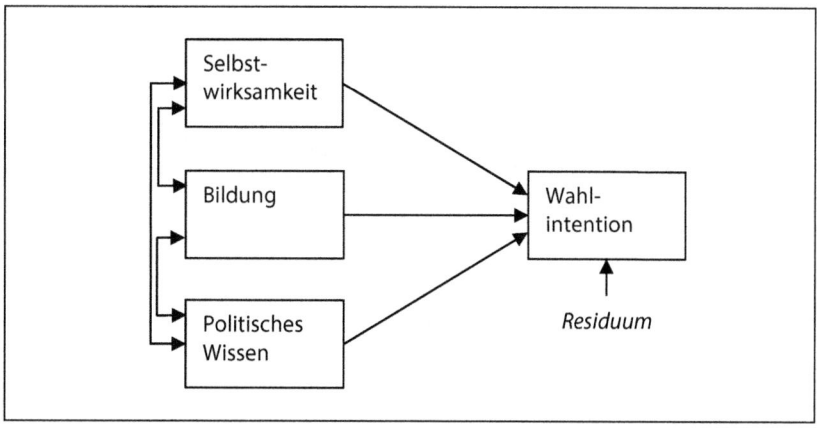

3.4 Lineare Regression und OLS-Schätzung: Statistisches Modell

Abbildung 5 Beispiel für ein Regressionsmodell (Pfaddiagramm)

```
┌─────────────────────────────────────────────────┐
│   ┌──────────────┐                              │
│   │ Selbst-      │──┐                           │
│   │ wirksamkeit  │  ╲                           │
│   └──────────────┘   ╲                          │
│                       ╲   ┌──────────┐          │
│   ┌──────────────┐     ╲─▶│ Wahl-    │          │
│   │ Bildung      │───────▶│ intention│          │
│   └──────────────┘     ╱  └──────────┘          │
│                       ╱        ▲                │
│   ┌──────────────┐   ╱         │                │
│   │ Politisches  │──┘       Residuum            │
│   │ Wissen       │                              │
│   └──────────────┘                              │
└─────────────────────────────────────────────────┘
```

Die **multiple lineare Regression** für mehrere erklärende (exogene) Variablen x_k lautet dann:

$$y = \alpha + \gamma_1 x_1 + \gamma_2 x_2 + \ldots + \gamma_K x_K + \varepsilon$$

wobei wiederum gelten soll, dass der Erwartungswert des Residuums 0 ist und die Kovarianz aller erklärenden (exogenen) Variablen mit dem Residuum 0 ist:

$E(\varepsilon) = 0$ und $Cov(x_k, \varepsilon) = 0$

Die **lineare Regression** mittels **OLS-Schätzung** lässt sich in Stata wie folgt berechnen:

```
regress depvar [indepvars]
```

d.h. die multivariate lineare Regression der endogenen Variablen y auf mehrere exogene Variablen x_k ergibt z. B.:

```
regress y x1 x2 xK
```

3.5 Effektzerlegung in der multiplen linearen Regression

Die **Regressionskoeffizienten** der multiplen Regression werden meist interpretiert als der Effekt einer Variablen, wenn **Einflüsse anderer Variablen** kontrolliert (auspartialisiert) wurden. Anders formuliert heißt das, es wird nur jener Anteil der Variation einer Variablen zur Schätzung ihres Einflusses betrachtet, der linear unabhängig von allen anderen Variablen ist (= **Effektzerlegung**). Daher gehen in der multiplen linearen Regression implizit auch immer die Kovarianzen zwischen allen exogenen Variablen (bezeichnet als ϕ, klein Phi) mit in die Berechnung ein. Dasselbe Prinzip – Eliminieren des Einflusses von Drittvariablen – wird unter anderem für die sogenannte partielle Korrelation (**Partialkorrelation**) verwendet.

Man betrachte nun z.B. die multiple lineare Regression mit 2 erklärenden (exogenen) Variablen, wobei y_2 als konfundierende Variable (bzw. Drittvariable) auftritt:

$$y = \alpha + \gamma_1^* x_1 + \gamma_2 x_2 + \varepsilon^*$$

Man ist somit primär an dem um andere Variablen bereinigten Effekt von x_1 und damit an dem Regressionskoeffizienten γ_1^* interessiert (s. Abbildung 6-b).

Für die multiple lineare Regression ließen sich die Zusammenhänge dann wie folgt zerlegen und berechnen (s. Abbildung 6-c):

$$x_1 = b_0 + b x_2 + u$$

$$y = c_0 + c x_2 + v$$

Die Residuen u bzw. v (in Abbildung 6 dargestellt als latente Variablen) stellen somit jeweils jenen Varianzanteil in x_1 bzw. in y dar, der linear unabhängig von x_2 ist, d.h. den sie nicht gemeinsam haben mit x_2. Damit ergibt sich der „bereinigte" Effekt für x_1, d.h. der interessierende Regressionskoeffizient (hier: γ_1^*) sowie das Residuum ε in der Gleichung oben aus der Regression zwischen den Residuen v und u (s. Lewis-Beck, 1980, S. 50):

$$v = 0 + \gamma_1^* u + \varepsilon^*$$

Die ursprüngliche Regression ohne Drittvariablen lautete (s. Abbildung 6-a):

$$y = \alpha + \gamma_1 x_1 + \varepsilon$$

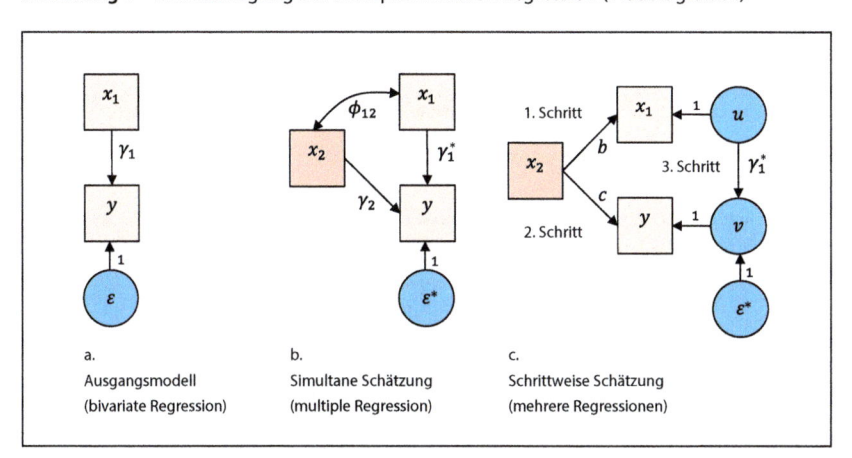

Abbildung 6 Effektzerlegung der multiplen linearen Regression (Pfaddiagramm)

a. Ausgangsmodell (bivariate Regression)
b. Simultane Schätzung (multiple Regression)
c. Schrittweise Schätzung (mehrere Regressionen)

Es wurde deutlich, dass die separat gerechneten Modelle in Abbildung 6 zur Schätzung des „bereinigten" Regressionskoeffizienten in der multiplen linearen Regression führen, d. h. die Kovarianz aller Variablen wird jeweils berücksichtigt. In **Pfadmodellen** werden mehrere solcher unterstellten Regressionsgleichungen simultan geschätzt und nicht, wie im Beispiel, schrittweise (s. Kap. 4). Man kann schließlich sagen, dass die Differenz der Regressionskoeffizienten $\gamma - \gamma^*$ zwischen den beiden Modellen – ohne und mit Kovariaten – das Ausmaß (und die Richtung) der **Beeinträchtigung durch Drittvariablen** darstellt, d. h. üblicherweise eine Verminderung des Effekts (Erklärung, Konfundierung) oder sogar eine Verstärkung (Suppression). Die Differenz $\gamma - \gamma^*$ ist in einfachen Pfadmodellen wiederum ident zum sogenannten „**indirekten**" **Effekt** (s. Kap. 4.3), der das Ausmaß der Mediation des ursprünglichen Effekts zeigt (s. MacKinnon et al., 2000, S. 176).

3.6 Exkurs: Beispiel für die Effektzerlegung

Um die eben beschriebene Effektzerlegung nachzuvollziehen, replizieren wir das Beispiel mit zwei exogenen Variablen (s. Abbildung 6) in Stata. Zu diesem Zweck wird mittels `corr2data` ein künstlicher Rohdatensatz aus zusammengefassten Parametern (Fallzahl, Korrelationsmatrix, Mittelwerte und Standardabweichungen) erzeugt (s. Beispiel 2).

Beispiel 2 Erstellung fiktiver Daten für Analysebeispiele – Variante 2

```
clear
matrix C = (1, .4, .3 \ .4, 1, .25\ .3, .25, 1)
corr2data y x1 x2 , n(500) corr(C) means(2 3 4) sds(5 6 7)

. correlate y x1 x2, means covariance
(obs=500)

    Variable |        Mean    Std. Dev.            Min         Max
-------------+----------------------------------------------------
           y |           2           5      -13.81615    18.00402
          x1 |           3           6       -15.298     22.01227
          x2 |           4           7       -15.4888    22.2355


             |           y          x1          x2
-------------+---------------------------------
           y |          25
          x1 |          12          36
          x2 |        10.5        10.5          49
```

Die Option <u>quietly</u> unterdrückt im folgenden **Analysebeispiel** lediglich den Output der einzelnen „Hilfsregressionen", die Option cformat() dient der Formatierung der Ausgabe der Koeffizienten (mit 3 Nachkommastellen) und <u>noheader</u> unterdrückt die Ausgabe eines längeren Tabellenkopfes mit Details zur Modellschätzung. Der Befehl predict *newvar,* residuals erzeugt die einzelnen Residualvariablen nach der Modellschätzung. Wie man erkennen kann, führt die Regression zwischen den Residuen zum erwarteten Ergebnis – ein um Einflüsse anderer Variablen bereinigter Zusammenhang (s. Beispiel 3).

Beispiel 3 Schritte der Effektzerlegung in der linearen Regression

```
. regress y x1, cformat(%9.3f) noheader
------------------------------------------------------------------------
         y |      Coef.   Std. Err.      t    P>|t|     [95% Conf. Interval]
-----------+------------------------------------------------------------
        x1 |      0.333      0.034    9.74    0.000       0.266      0.401
     _cons |      1.000      0.229    4.36    0.000       0.549      1.451
------------------------------------------------------------------------

. regress y x1 x2, cformat(%9.3f) noheader  // Simultane Schätzung
------------------------------------------------------------------------
         y |      Coef.   Std. Err.      t    P>|t|     [95% Conf. Interval]
-----------+------------------------------------------------------------
        x1 |      0.289      0.034    8.38    0.000       0.221      0.357
        x2 |      0.152      0.030    5.16    0.000       0.094      0.210
     _cons |      0.524      0.242    2.16    0.031       0.048      0.999
------------------------------------------------------------------------

. quietly regress x1 x2   // Schritt 1

. predict u, residuals

. quietly regress y x2   // Schritt 2

. predict v, residuals

. regress v u, cformat(%9.3f) noheader  // Schritt 3
------------------------------------------------------------------------
         v |      Coef.   Std. Err.      t    P>|t|     [95% Conf. Interval]
-----------+------------------------------------------------------------
         u |      0.289      0.034    8.39    0.000       0.221      0.357
     _cons |      0.000      0.200    0.00    1.000      -0.393      0.393
------------------------------------------------------------------------
```

3.7 Standardisierung von Regressionskoeffizienten

Um die Stärke des Effekts verschiedener Variablen mit unterschiedlicher Messeinheit (Skalierung) zu vergleichen, werden üblicherweise **standardisierte Regressionskoeffizienten** herangezogen, nämlich sogenannte yx-standardisierte Koeffizienten, womit auf beiden „Seiten" standardisiert wird (s. für alternative Standardisierungen z. B. Wolf & Best, 2010). In Stata werden standardisierte Regressionskoeffizienten in der OLS-Schätzung mit folgender Option ausgegeben:

<u>reg</u>ress depvar indepvars, <u>b</u>eta

Dabei wird der standardisierte Parameter $\tilde{\gamma}$ (mit Tilde) allgemein wie folgt berechnet, nämlich durch **Standardisierung** auf Basis der Wurzel des Verhältnisses der (geschätzten) Varianzen bzw. der Standardabweichungen der exogenen Variablen x (ϕ, klein Phi) und der endogenen Variablen y (σ, klein Sigma):

$$\tilde{\gamma} = \gamma \sqrt{\tfrac{\phi}{\sigma}} = \gamma \sqrt{\tfrac{\widehat{\mathrm{Var}}(x)}{\widehat{\mathrm{Var}}(y)}} = \gamma \tfrac{\widehat{\mathrm{SD}}(x)}{\widehat{\mathrm{SD}}(y)}$$

Der so normierte Regressionskoeffizient fällt schließlich in den Wertebereich zwischen −1 und +1 und gibt Auskunft über die geschätzte Veränderung in Standardabweichungen von y, wenn x um eine Standardabweichung (+1) steigt.

In dem oben gezeigten **Analysebeispiel** ergibt sich bspw. der standardisierte Parameter $\tilde{\gamma}_2$ in der Regression von y auf x_2 (s. Beispiel 4, letzte Spalte „Beta") aus dem Verhältnis der Varianzen (s. für die verwendeten Werte Beispiel 2, auf S. 30):

$$\tilde{\gamma}_2 = \gamma_2 \sqrt{\tfrac{\widehat{\mathrm{Var}}(x_2)}{\widehat{\mathrm{Var}}(y)}} = .152 \sqrt{\tfrac{49}{25}} = .213$$

Wurden alle Variablen zuvor bspw. mittels egen und std(exp) z-transformiert (d.h. für die standardisierten Variablen $\tilde{x}$ und $\tilde{y}$ gilt, dass $E(\tilde{x}) = E(\tilde{y}) = 0$ und $\mathrm{Var}(\tilde{x}) = \mathrm{Var}(\tilde{y}) = 1$, bezeichnet über $\tilde{\phi}$ und $\tilde{\sigma}$), sind die Regressionskoeffizienten γ bereits ident zum standardisierten Parameter $\tilde{\gamma}$ (s. Beispiel 4):

$$\tilde{\gamma} = \gamma \sqrt{\tfrac{\tilde{\phi}}{\tilde{\sigma}}} = \gamma \text{ für } \tilde{x} \text{ und } \tilde{y}$$

Beispiel 4 Standardisierung von Regressionskoeffizienten (lineare Regression)

```
. regress y x1 x2, beta cformat(%9.3f) noheader
------------------------------------------------------------------------------
           y |      Coef.   Std. Err.      t    P>|t|                    Beta
-------------+----------------------------------------------------------------
          x1 |      0.289       0.034    8.38   0.000                   0.347
          x2 |      0.152       0.030    5.16   0.000                   0.213
       _cons |      0.524       0.242    2.16   0.031                       .
------------------------------------------------------------------------------

. egen y_z = std(y)

. egen x1_z = std(x1)

. egen x2_z = std(x2)

. regress y_z x1_z x2_z, beta cformat(%9.3f) noheader
------------------------------------------------------------------------------
         y_z |      Coef.   Std. Err.      t    P>|t|                    Beta
-------------+----------------------------------------------------------------
        x1_z |      0.347       0.041    8.38   0.000                   0.347
        x2_z |      0.213       0.041    5.16   0.000                   0.213
       _cons |     -0.000       0.040   -0.00   1.000                       .
------------------------------------------------------------------------------
```

3.8 Matrixschreibweise

Allgemeiner kann die Gleichung der linearen Regression für eine abhängige (endogene) Variable

$$y = \alpha + \gamma_1 x_1 + \gamma_2 x_2 + \ldots + \gamma_K x_K + \varepsilon$$

auch mittels der **Matrixschreibweise** (Matrixalgebra) dargestellt werden (vgl. Verbeek, 2012)

$$Y = \mathfrak{a} + \Gamma X + \zeta$$

mit den entsprechenden Matrizen:

$$Y = [y], \mathfrak{a} = [\alpha], \Gamma = [\gamma_1 \; \gamma_2 \; \ldots \; \gamma_K], X = \begin{bmatrix} x_1 \\ x_2 \\ \ldots \\ x_K \end{bmatrix}, \zeta = [\varepsilon],$$

$$\Phi = \begin{bmatrix} \phi_{11} & \ldots & \phi_{1K} \\ \ldots & \ldots & \ldots \\ \phi_{K1} & \ldots & \phi_{KK} \end{bmatrix}, \Psi = [\psi]$$

Das Symbol α (klein Alpha) steht allgemein für die Matrix der Konstanten (*intercepts*), d. h. geschätzte Werte endogener Variablen, wenn alle unabhängigen Variablen der Gleichung den Wert 0 annehmen. Der Zeilenvektor Γ (groß Gamma) beschreibt nun allgemein alle Regressionskoeffizienten auf exogene Variablen γ_k, der Spaltenvektor X (groß X) ist allgemein die Matrix aller exogenen Variablen x_k und der Vektor ζ (klein Zeta) beschreibt allgemein die Matrix aller Residualvariablen ε_k. Die quadratische Matrix Φ (groß Phi) beschreibt die Kovarianzmatrix aller exogenen Variablen und die quadratische Matrix Ψ (groß Psi) die Kovarianzmatrix der Residuen. Die Matrixschreibweise dient somit schlichtweg der Vereinfachung der Darstellung längerer oder simultaner Gleichungen (s. dazu auch Kap. 4.1).

Auf eine detaillierte Darstellung von Grundlagen der **Matrixalgebra** wird an dieser Stelle jedoch verzichtet. Stattdessen kann in den jeweiligen Kapiteln in Grundlagenbüchern der Statistik oder SEM im Speziellen nachgeschlagen werden (z. B. Arzheimer, 2016, Kap. 2; Bollen, 1989, Appendix; Verbeek, 2012, Appendix A). Einige wenige Grundbegriffe der Matrizenrechnung (Addition, Multiplikation, Transponierte einer Matrix) werden jedoch in den folgenden Beispielen eingeführt.

3.9 Exkurs: Kovarianz- und Mittelwertstruktur der linearen Regression

Das Regressionsmodell besagt also verkürzt:

$$Y = α + ΓX + ζ$$

Die daraus ableitbare Aussage ist, dass die Varianz der abhängigen (endogenen) Variable über eine Zerlegung in die Kovarianz mit erklärenden (exogenen) Variablen sowie einem nicht erklärten Anteil (Residuum) darstellbar ist (= Dekompositionsregel, s. Saris & Stronkhorst, 1984, S. 122 f.).

Dieser Zusammenhang wird auch als **modellimplizierte** (*implied*) **Varianz-Kovarianz-Struktur** bezeichnet und in der **modellimplizierten Kovarianzmatrix** $Σ(θ)$ wiedergegeben (sprich: Sigma gegeben Theta). Diese resultiert aus den im Modell frei geschätzten oder restringierten Parametern, bezeichnet über $θ$ (klein Theta). Wie ist das im Detail vorstellbar?

Die **modellimplizierte Varianz** für y in der linearen Regression, bezeichnet über $\widehat{Var}(y)$ oder auch $σ$ (klein Sigma), ist allgemein darstellbar als (wobei Γ' die Transposition von Γ meint):

3.9 Exkurs: Kovarianz- und Mittelwertstruktur der linearen Regression

$\widehat{\mathrm{Var}}(y) = \Sigma_Y(\theta) = \Gamma \Phi \Gamma' + \Psi$

Die **modellimplizierte Kovarianz** von y mit einer der exogenen Variablen y_k in der linearen Regression ist allgemein:

$\widehat{\mathrm{Cov}}(y, x_k) = \Sigma_{YX}(\theta) = \Gamma \Phi$

Die bivariate lineare Regression mit einer exogenen Variablen ergibt somit:

$y = \alpha + \gamma x + \varepsilon$

mit $\Gamma = [\gamma], \Phi = [\phi], \Psi = [\psi]$

$\widehat{\mathrm{Var}}(y) = \sigma = \Sigma_Y(\theta) = \Gamma \Phi \Gamma' + \Psi = \gamma^2 \phi + \psi$

Das heißt, die geschätzte Varianz von y lässt sich bei einer exogenen Variablen aus der mit dem Quadrat des Regressionskoeffizienten (γ^2) gewichteten Varianz von x (ϕ, klein Phi) plus der geschätzten Varianz des Residuums (ψ, klein Psi) exakt reproduzieren, d. h. in diese Komponenten zerlegen.

Die geschätzte Kovarianz zwischen x und y ergibt sich aus:

$\widehat{\mathrm{Cov}}(y, x) = \Sigma_{YX}(\theta) = \Gamma \Phi = \gamma \phi$

Das heißt, die geschätzte Kovarianz zwischen x und y lässt sich wieder aus dem Produkt der Varianz von x (ϕ) mal dem Regressionskoeffizienten γ exakt reproduzieren. Der geschätzte standardisierte Zusammenhang zwischen y und x (Korrelation), d. h. bei $\tilde{\phi} = 1$ und $\tilde{\sigma} = 1$, entspricht bekanntermaßen dem standardisierten Regressionskoeffizienten $\tilde{\gamma}$:

$\widehat{\mathrm{Corr}}(y, x) = \tilde{\gamma}$

Betrachtet man nun die multiple lineare Regression mit zwei potenziell korrelierten exogenen Variablen, erhält man:

$y = \alpha + \gamma_1 x_1 + \gamma_2 x_2 + \varepsilon$

mit $\Gamma = [\gamma_1 \ \gamma_2], \Phi = \begin{bmatrix} \phi_{11} & \phi_{12} \\ \phi_{12} & \phi_{22} \end{bmatrix}, \Psi = [\psi]$

Wie bereits erwähnt, gehen in der multiplen linearen Regression auch immer die Kovarianzen zwischen den exogenen Variablen ($\phi_{kk'}$) mit in die Berechnung ein. Damit ergibt sich die gesamte geschätzte Varianz für y (bezeichnet über σ) aus:

$$\widehat{\text{Var}}(y) = \sigma = \Sigma_Y(\theta) = \Gamma \Phi \Gamma' + \Psi = [\gamma_1 \ \gamma_2] \begin{bmatrix} \phi_{11} & \phi_{12} \\ \phi_{12} & \phi_{22} \end{bmatrix} \begin{bmatrix} \gamma_1 \\ \gamma_2 \end{bmatrix} + [\psi]$$

$$= \gamma_1^2 \phi_{11} + 2(\gamma_1 \gamma_2 \phi_{12}) + \gamma_2^2 \phi_{22} + \psi$$

Die modellimplizierte Kovarianz von x_1 bzw. x_2 mit y ergibt sich wiederum aus:

$$(y, x_k) = [\widehat{\text{Cov}}(y, x_1) \ \widehat{\text{Cov}}(y, x_2)] = \Sigma_{YX}(\theta) = \Gamma \Phi$$

$$= [\gamma_1 \ \gamma_2] \begin{bmatrix} \phi_{11} & \phi_{12} \\ \phi_{12} & \phi_{22} \end{bmatrix} = [(\gamma_1 \phi_{11} + \gamma_2 \phi_{12}) \ (\gamma_1 \phi_{12} + \gamma_2 \phi_{22})]$$

Die geschätzte Kovarianz zwischen y und x_2 lautet daher:

$$\widehat{\text{Cov}}(y, x_2) = \gamma_1 \phi_{12} + \gamma_2 \phi_{22}$$

Der geschätzte standardisierte Zusammenhang (die Korrelation) zwischen y und x_2, d. h. wenn gilt, dass $\tilde{\phi} = 1$ und $\tilde{\sigma} = 1$, kann aus den standardisierten Regressionskoeffizienten und der Korrelation der beiden exogenen Variablen reproduziert werden:

$$\widehat{\text{Corr}}(y, x_2) = \tilde{\gamma}_1 \tilde{\phi}_{12} + \tilde{\gamma}_2$$

In einem **Analysebeispiel** soll für die lineare Regression die Reproduktion der geschätzten Varianz für y (σ) aus zwei erklärenden Variablen (x_1 und x_2) und dem Residuum sowie die geschätzte Kovarianz zwischen y und x_2 veranschaulicht werden (s. Beispiel 5). Dafür wurden nach Schätzung des Regressionsmodells alle relevanten Parameter in Stata als Skalare gespeichert, genauer mittels:

```
scalar scalar_name = exp
```

Wie man sehen kann, reproduzieren die Modellparameter aus der Regression exakt die empirische Kovarianzmatrix (**S**) der Variablen (s. dazu auch Beispiel 2, auf S. 30).

3.9 Exkurs: Kovarianz- und Mittelwertstruktur der linearen Regression

Beispiel 5 Reproduktion der Kovarianzstruktur in der linearen Regression

```
. regress y x1 x2, cformat(%9.3f) noheader
------------------------------------------------------------------
         y |      Coef.   Std. Err.      t    P>|t|   [95% Conf. Interval]
-----------+------------------------------------------------------
        x1 |      0.289      0.034    8.38    0.000      0.221    0.357
        x2 |      0.152      0.030    5.16    0.000      0.094    0.210
     _cons |      0.524      0.242    2.16    0.031      0.048    0.999
------------------------------------------------------------------

. predict y_resid, residual

. quietly sum y_resid

. scalar psi = r(Var)
...
. scalar list
      phi12 =       10.5
      phi22 =         49
      phi11 =         36
     gamma2 =  .15238095
     gamma1 =  .28888889
      Var_y =         25
        psi =  19.933333

. display _newline "Var(y) geschätzt = " as res %4.3f ///
> (gamma1^2*phi11) + (2*gamma1*gamma2*phi12) + (gamma2^2*phi22) + psi

Var(y) geschätzt = 25.000

. display _newline "Cov(y,x2) geschätzt = " as res %4.3f ///
> (gamma1*phi12) + (gamma2*phi22)

Cov(y,x2) geschätzt = 10.500
```

Die **gesamte modellimplizierte Kovarianzmatrix** der Regression setzt sich schließlich zusammen aus:

$$\Sigma(\theta) = \begin{bmatrix} \Sigma_Y(\theta) & \Sigma_{YX}(\theta) \\ \Sigma_{YX}(\theta)' & \Phi \end{bmatrix}$$

und ergibt für das genannte Beispiel (gezeigt wird nur die untere Hälfte der symmetrischen Matrix):

$$\Sigma(\theta) = \begin{bmatrix} (\gamma_1^2 \phi_{11} + 2(\gamma_1 \gamma_2 \phi_{12}) + \gamma_2^2 \phi_{22} + \psi) & & \\ (\gamma_1 \phi_{11} + \gamma_2 \phi_{12}) & \phi_{11} & \\ (\gamma_1 \phi_{12} + \gamma_2 \phi_{22}) & \phi_{12} & \phi_{22} \end{bmatrix}$$

Zusammenfassend zeigen die Gleichungen also, dass sich in der Regression alle geschätzten Zusammenhänge wiederum als Summe des direkten Effekts und der gemeinsamen Effekte durch Kovarianz (*joint effects*) mit anderen Variablen darstellen lassen (= **Dekompositionsregel**, s. Saris & Stronkhorst, 1984, S. 121). In der einfachen Regression werden die so reproduzierten Varianzen und Kovarianzen ident sein mit der Stichprobenkovarianzmatrix (**S**):

$$\mathbf{S} = \begin{bmatrix} \text{Var}(y) & & \\ \text{Cov}(y, x_1) & \text{Var}(x_1) & \\ \text{Cov}(y, x_2) & \text{Cov}(x_1, x_2) & \text{Var}(x_2) \end{bmatrix}$$

Die **modellimplizierte Mittelwertstruktur** in der linearen Regression bestimmt sich wiederum nach (s. dazu auch Kap. 4.4):

$$\kappa = E(X)$$

$$\mu_Y = \alpha + \Gamma\kappa$$

Hierbei meint man mit κ die Matrix modellimplizierter Mittelwerte exogener Variablen und mit μ_Y die Matrix modellimplizierter Mittelwerte endogener Variablen. Unter der Bedingung, dass $E(\varepsilon) = 0$, gilt für die multiple lineare Regression (z. B. in einem **Analysebeispiel** mit zwei exogenen Variablen):

$$E(y) = \mu_y = [\alpha] + [\gamma_1 \ \gamma_2]\begin{bmatrix} \kappa_1 \\ \kappa_2 \end{bmatrix} = \alpha + \gamma_1\kappa_1 + \gamma_2\kappa_2$$

Da in der Regression das Modell die empirische Struktur wieder exakt repliziert, heißt das für die Mittelwerte ($\bar{x}$ und $\bar{y}$) der empirisch beobachteten Variablen (s. Beispiel 6):

$$\bar{y} = \alpha + \gamma_1\bar{x}_1 + \gamma_2\bar{x}_2$$

Beispiel 6 Reproduktion der Mittelwertstruktur in der linearen Regression

```
. tabstat y x1 x2, stat(mean)

    stats |         y        x1        x2
----------+------------------------------
     mean |         2         3         4


. regress y x1 x2, cformat(%9.3f) noheader
------------------------------------------------------------------------------
        y |      Coef.   Std. Err.      t    P>|t|     [95% Conf. Interval]
----------+-------------------------------------------------------------------
       x1 |      0.289      0.034     8.38   0.000      0.221       0.357
       x2 |      0.152      0.030     5.16   0.000      0.094       0.210
    _cons |      0.524      0.242     2.16   0.031      0.048       0.999
------------------------------------------------------------------------------

. display _newline "E(y) = " as res %4.3f ///
> _b[_cons] + _b[x1]*3 + _b[x2]*4

E(y) = 2.000
```

3.10 Lineare Regression als Strukturgleichungsmodell

Wie bereits in der Einleitung erwähnt, ist die lineare Regression nur ein „Spezialfall" von linearen SEM. Der allgemeine Befehl für die Spezifikation von **linearen SEM** mit Stata über die Kommandosprache lautet dazu:

sem *paths* [if] [in] [weight] [, options]

Das Element *paths* meint dabei die Spezifikation der unterstellten gerichteten (kausalen) Beziehungen zwischen abhängigen/endogenen (*dependent*) und unabhängigen/exogenen (*independent*) Variablen in einem Modell über einen Pfad/Pfeil <- oder ->, d. h.:

sem (*depvar* <- *indepvars*)

oder auch

sem (*indepvars* -> *depvar*)

Tabelle 2 Lineare Regression als SEM in Stata

Befehl/Optionen	Bedeutung
sem (y <- x1 x2 xK) , standardized , method(ml)	Definition von Regressionsmodellen Option: standardisierte Koeffizienten (default: unstandardisierte Koeffizienten) Option: Schätzverfahren (default: ML)
estat eqgof	Postestimation-Befehl: erklärte Varianz, R^2

Einzelne gerichtete Pfade (Regressionskoeffizienten) aus dem Modell können danach über _b[depvar:indepvar] angesprochen werden. Die **lineare Regression als SEM** lässt sich somit übersetzen in (s. dazu auch Tabelle 2):

sem (y <- x1 x2 xK)

Im sem Befehl wird jedoch im Unterschied zur OLS-Regression als Default-Einstellung die sogenannte **Maximum-Likelihood** (ML) Schätzung herangezogen (s. dazu ausführlicher Kap. 8.1 und 8.2).

Beim Vergleich der linearen Regression mittels regress und OLS-Schätzung oder über den sem Befehl und ML-Schätzung fallen in einem **Analysebeispiel** folgende Aspekte auf (s. Beispiel 7): Erstens führen die beiden **Schätzmethoden** zu (beinahe) identen Ergebnissen, lediglich die Standardfehler können sich in Nachkommastellen mit zunehmend kleineren Fallzahlen unterscheiden. Der sem Befehl weist z-Werte (einen z-Test) aus, der regress Befehl hingegen t-Werte (einen t-Test). Die **Standardfehler** bzw. die Kovarianzmatrix der Schätzer – in Stata vce(vcetype) – werden in SEM je nach gewähltem Verfahren der Varianzschätzung (s. Kap. 8.3) berechnet und ausgegeben, wobei „OIM" für die Standardfehler der Standard-ML-Schätzung steht (*observed information matrix*). Zweitens macht der Output nach dem sem Befehl die expliziten Modellannahmen offenkundig. **Variablen** werden hinsichtlich ihrer Eigenschaft klassifiziert (d. h. endogen oder exogen als auch manifest oder latent) und Residuen als eigenständige Variablen über e.varname aufgelistet. Letztere können so auch im Modell explizit wieder angesprochen werden.

3.10 Lineare Regression als Strukturgleichungsmodell

Beispiel 7   Vergleich lineare OLS-Regression vs. Regression mittels SEM

```
. regress y x1 x2, cformat(%4.3f)
      Source |       SS           df       MS      Number of obs   =       500
-------------+----------------------------------   F(2, 497)       =     63.16
       Model |  2528.26672         2  1264.13336   Prob > F        =    0.0000
    Residual |  9946.73323       497  20.0135477   R-squared       =    0.2027
-------------+----------------------------------   Adj R-squared   =    0.1995
       Total |      12475       499  24.9999999   Root MSE        =    4.4737

------------------------------------------------------------------------------
           y |      Coef.   Std. Err.      t    P>|t|     [95% Conf. Interval]
-------------+----------------------------------------------------------------
          x1 |      0.289      0.034     8.38   0.000       0.221      0.357
          x2 |      0.152      0.030     5.16   0.000       0.094      0.210
       _cons |      0.524      0.242     2.16   0.031       0.048      0.999
------------------------------------------------------------------------------

. sem (y <- x1 x2), cformat(%4.3f)

Endogenous variables

Observed:  y

Exogenous variables

Observed:  x1 x2

Fitting target model:

Iteration 0:   log likelihood = -4727.7048
Iteration 1:   log likelihood = -4727.7048

Structural equation model                       Number of obs     =        500
Estimation method  = ml

Log likelihood     = -4727.7048

------------------------------------------------------------------------------
             |                 OIM
             |      Coef.   Std. Err.      z    P>|z|     [95% Conf. Interval]
-------------+----------------------------------------------------------------
Structural   |
  y <-       |
          x1 |      0.289      0.034     8.41   0.000       0.222      0.356
          x2 |      0.152      0.029     5.17   0.000       0.095      0.210
       _cons |      0.524      0.241     2.17   0.030       0.051      0.997
-------------+----------------------------------------------------------------
    var(e.y)|     19.893      1.258                        17.574     22.519
------------------------------------------------------------------------------
LR test of model vs. saturated: chi2(0)   =      0.00, Prob > chi2 =      .
```

3.11 Gütemaße: Erklärte Varianz und Relevanz des Modells

Ein zentrales Gütemaß von Regressionsmodellen ist der Anteil erklärter Variation in der abhängigen Variablen y, der sogenannte **Determinationskoeffizient** (Bestimmtheitsmaß) oder R^2 (*R-squared*) mit Werten zwischen 0 und 1 (= maximal). Die zentrale Frage dabei ist: Wie groß ist der Anteil der Variation in der interessierenden abhängigen Variablen, der durch die Prädiktoren im Modell erklärt werden kann bzw. mit ihnen geteilt wird?

Allgemein berechnet sich R^2 aus 1 minus dem nicht erklärten Anteil der Variation (*residual*) bzw. die Varianz des Residuums ε (ψ, klein Psi) bezogen auf die gesamte geschätzte (*fitted*) Varianz der endogenen Variablen y (σ, klein Sigma). Sofern Variablen **standardisiert** sind (wenn gilt, dass $\tilde{\phi} = 1$ und $\tilde{\sigma} = 1$), berechnet sich R^2 schlichtweg aus 1 – der standardisierten Residualvarianz ($\tilde{\psi}$). Dies ergibt die Formulierungen:

$$R^2 = 1 - \frac{\widehat{\text{Var}}(\varepsilon)}{\widehat{\text{Var}}(y)} = 1 - \frac{\psi}{\sigma} = 1 - \tilde{\psi}$$

Die eben genannte Variante der Berechnung der erklärten Varianz wird in einem **Analysebeispiel** anhand fiktiver Daten nachvollzogen (s. Beispiel 8): (Standardisierte) Residuen werden zunächst nach der Schätzung mit dem `sem` Befehl als `e.varname` ausgegeben. Wie ersichtlich, werden die geschätzten Varianzanteile in y erst nach dem Postestimation-Befehl `estat eqgof` berechnet. Das R^2 für Variable y im Modell lautet somit (s. Beispiel 8):

$$R^2 = 1 - \frac{19.89}{24.95} = 1 - .797 = .203$$

Auch kann man zeigen, dass sich die sogenannte **multiple Korrelation** R aus der Korrelation zwischen geschätzten (*predicted*) Werten $\hat{y}$ und den beobachteten Werten y ergibt (s. Beispiel 8: Spalte „mc"):

$$R = \text{Corr}(\hat{y}, y) \quad \text{und somit} \quad R^2 = \text{Corr}(\hat{y}, y)^2$$

Geschätzte Werte für beobachtete Variablen (hier: die Variable „y_hat"), aber auch latente Variablen können mittels des Befehls `predict newvarlist` (ident zur linearen Regression) ermittelt werden und so weiter verwendet werden. So lässt sich R^2 auch aus der multiplen Korrelation, die in `r(rho)` intern gespeichert wurde, nachvollziehen (s. Beispiel 9):

$$R^2 = \text{Corr}(\hat{y}, y)^2 = (.45)^2 = .203$$

3.11 Gütemaße: Erklärte Varianz und Relevanz des Modells

Beispiel 8 Berechnung der erklärten Varianz – Variante 1

```
. sem (y <- x1 x2), standardized cformat(%4.3f) noheader nodescribe

Fitting target model:

Iteration 0:   log likelihood = -4727.7048
Iteration 1:   log likelihood = -4727.7048
------------------------------------------------------------------------
             |                 OIM
Standardized |   Coef.   Std. Err.      z    P>|z|   [95% Conf. Interval]
-------------+----------------------------------------------------------
Structural   |
  y <-       |
          x1 |   0.347      0.038    9.16   0.000     0.272      0.421
          x2 |   0.213      0.040    5.33   0.000     0.135      0.292
       _cons |   0.105      0.049    2.12   0.034     0.008      0.202
-------------+----------------------------------------------------------
    var(e.y) |   0.797      0.030                     0.740      0.859
------------------------------------------------------------------------
LR test of model vs. saturated: chi2(0)   =    0.00, Prob > chi2 =     .

. display _newline "R2 = " 1-0.797

R2 = .203

. estat eqgof, format(%4.3f)

Equation-level goodness of fit

----------------------------------------------------------------------
             |          Variance            |
     depvars |   fitted  predicted  residual | R-squared    mc     mc2
-------------+--------------------------------+---------------------
observed     |                                |
           y |   24.950     5.057    19.893  |    0.203   0.450  0.203
-------------+--------------------------------+---------------------
     overall |                                |    0.203
----------------------------------------------------------------------
mc  = correlation between depvar and its prediction
mc2 = mc^2 is the Bentler-Raykov squared multiple correlation coefficient

. display _newline "R2 = " as res %4.3f ///
> 1-(19.89/24.95)

R2 = 0.203
```

Beispiel 9 Berechnung der erklärten Varianz – Variante 2

```
. quietly sem (y <- x1 x2)

. predict y_hat, xb
(xb(y) assumed)

. correlate y_hat y
(obs=500)

              |   y_hat        y
--------------+------------------
        y_hat |  1.0000
            y |  0.4502   1.0000

. display _newline "R2 = " as res %4.3f ///
> r(rho)^2

R2 = 0.203
```

Zuletzt wird beispielhaft mit estat eqtest ein weiterer Postestimation-Befehl vorgestellt (s. Beispiel 10). Nach dem sem Befehl kann optional ein allgemeiner **Wald-Test** (χ^2-Test) verwendet werden, der – ähnlich zum **F-Test** in der linearen Regression (s. oben) – die Nullhypothese prüft, dass alle Regressionskoeffizienten (nicht aber die Konstante) 0 sind, d. h. $H_0: \Gamma = 0$ (bzw. $H_0: B = 0$). Hiermit wird im Grunde die allgemeine Relevanz bzw. statistische Signifikanz eines einfachen Regressionsmodells geprüft.

Diese Art der Analyse ist bspw. bei einer kategorialen exogenen Variablen z (hier: 3 Kategorien bzw. 2 Dummy-Variablen „zdum") ident zur einfaktoriellen ANOVA (s. Beispiel 10), die ansonsten über den Befehl oneway aufgerufen wird. F-Test und Wald-Test im Rahmen von SEM (χ^2-Test) liefern demnach in einem **Analysebeispiel** ein ähnliches Ergebnis (hier: $p < .0001$ bei 2 Freiheitsgraden ($d.f.$), s. dazu ausführlicher Kap. 8.4). Man sollte allerdings beachten, dass mit estat eqtest in komplexeren SEM nicht wie im einfachen Regressionsmodell für eine, sondern für mehrere Regressionsgleichungen die Nullhypothese „alle Regressionskoeffizienten sind 0" separat getestet wird, d. h. die Signifikanz von R^2_{yk} für jede endogene Variable im Modell wird ausgewiesen.

3.11 Gütemaße: Erklärte Varianz und Relevanz des Modells

Beispiel 10 Vergleich F-Test (Regression und ANOVA) vs. Wald-Test für SEM

```
. regress y zdum2 zdum3, cformat(%4.3f)

      Source |       SS           df       MS      Number of obs   =        500
-------------+----------------------------------   F(2, 497)       =      15.20
       Model |  719.172867         2  359.586433   Prob > F        =     0.0000
    Residual |   11755.8271       497  23.6535756   R-squared       =     0.0576
-------------+----------------------------------   Adj R-squared   =     0.0539
       Total |       12475       499  24.9999999   Root MSE        =     4.8635


           y |      Coef.   Std. Err.      t    P>|t|     [95% Conf. Interval]
-------------+----------------------------------------------------------------
       zdum2 |     -0.395       0.711    -0.56   0.579       -1.792       1.002
       zdum3 |      2.230       0.604     3.69   0.000        1.043       3.418
       _cons |      0.708       0.537     1.32   0.188       -0.348       1.763


. oneway y z

                        Analysis of Variance
    Source              SS         df      MS            F     Prob > F
------------------------------------------------------------------------
Between groups      719.172867      2   359.586433      15.20     0.0000
 Within groups       11755.8271   497   23.6535756
------------------------------------------------------------------------
    Total                12475    499   24.9999999

Bartlett's test for equal variances:  chi2(2) =   6.1113  Prob>chi2 = 0.047

. quietly sem (y <- zdum2 zdum3)

. estat eqtest

Wald tests for equations
---------------------------------------
             |    chi2    df       p
-------------+-------------------------
observed     |
           y |   30.59     2    0.0000
---------------------------------------
```

Strukturmodell: Kausalhypothesen als Pfadmodell

4

> **Zusammenfassung**
>
> Das Kapitel zeigt zunächst den Unterschied zwischen einfacher Regression und Pfadmodellen auf, da letztere eine Reihe von Kausalhypothesen in ein sogenanntes „Strukturmodell" übersetzen. Auch lassen sich, wie gezeigt wird, unterschiedliche Arten von Hypothesen jeweils als Pfadmodell darstellen und teils nur mittels SEM analysieren. Das allgemeine statistische Modell der Pfadanalyse wird vorgestellt und schließlich die Möglichkeit der Berechnung und Interpretation von direkten, indirekten und totalen Effekten von Variablen in Pfadmodellen bzw. SEM allgemein hervorgehoben. Der Schluss zeigt, wie das über SEM unterstellte Muster der Variablenzusammenhänge schließlich eine modellimplizierte (geschätzte) Kovarianz- und Mittelwertstruktur bedingt. Ihr Muster bildet schließlich die Grundlage der globalen Bewertung, wie gut das Modell und empirische Daten übereinstimmen.

Die lineare Regression erlaubt die Analyse von Kausalhypothesen zu jeweils einer abhängigen (endogenen) Variablen. Was aber, wenn eine Reihe von Kausalhypothesen einen gerichteten Zusammenhang auch zwischen den übrigen Variablen im Modell nahe legt? Anders formuliert, könnte es sein, dass erklärende Variablen nicht als exogen betrachtet werden können, sondern wiederum selbst endogene Variablen sind. Diese Hypothesen könnten bspw. für das Beispiel weiter oben (s. Abbildung 5, auf S. 27) die in Abbildung 7 dargestellte Form annehmen.

Aus theoretischer Sicht beinhaltet ein **Pfadmodell** letztlich explizite Annahmen über die Richtung und Wirkung des Effekts oder, anders ausgedrückt, Annahmen sowohl über „direkte" als auch über „indirekte" Effekte zwischen allen Variablen des Modells. Das Beispiel in Abbildung 7 zeigt konkret fünf Hypothesen über direkte Effekte und eine Hypothese über indirekte Effekte (bzw. vollständige **Mediation** des Effekts, kein direkter Effekt). Das Pfadmodell beinhaltet nun lediglich 1 explizit exogene Variable, stattdessen 3 endogene Variablen + 3 Residuen.

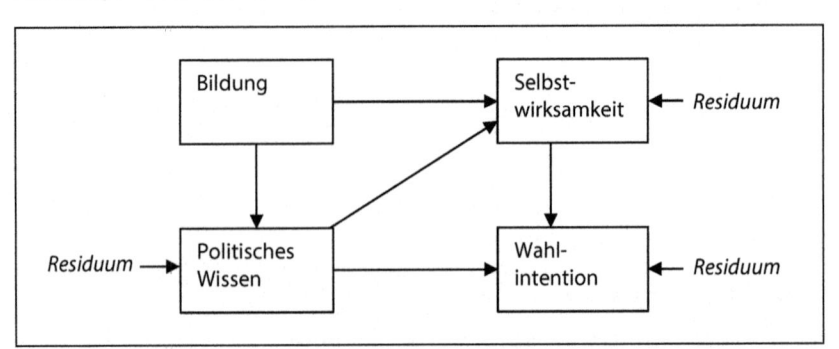

Abbildung 7 Beispiel für ein Pfadmodell

```
┌─────────────────────────────────────────────────────────────┐
│                                                             │
│         ┌──────────┐         ┌──────────────┐               │
│         │ Bildung  │────────▶│   Selbst-    │◀── Residuum   │
│         └──────────┘         │ wirksamkeit  │               │
│              │               └──────────────┘               │
│              │                      │                       │
│              ▼                      ▼                       │
│         ┌──────────┐         ┌──────────────┐               │
│Residuum▶│Politisches│───────▶│    Wahl-    │◀── Residuum   │
│         │  Wissen  │         │  intention   │               │
│         └──────────┘         └──────────────┘               │
│                                                             │
└─────────────────────────────────────────────────────────────┘
```

4.1 Das allgemeine Pfadmodell: Statistisches Modell

Das theoretische Modell oben (s. Abbildung 7) sei nun allgemeiner dargestellt über ein statistisches Modell mit Zufallsvariablen. Dieses Pfaddiagramm (s. Abbildung 8) zeigt gleichermaßen die Summe aller unterstellten „Strukturgleichungen", nämlich:

$y_1 = \alpha_1 + \beta_{12} y_2 + \beta_{13} y_3 + \varepsilon_1$

$y_2 = \alpha_2 + \beta_{23} y_3 + \gamma_{21} x_1 + \varepsilon_2$

$y_3 = \alpha_3 + \gamma_{31} x_1 + \varepsilon_3$

Die Spezifikation eines solchen Pfadmodells in Stata basiert nun konkret auf der Angabe aller gerichteten Beziehungen (Pfade) zwischen den beteiligten Variablen (s. Tabelle 3). Ungerichtete Beziehungen bzw. Kovarianzen zwischen exogenen Variablen ($\phi_{kk'}$) werden defaultmäßig geschätzt, Residuenkovarianzen ($\psi_{kk'}$) sind hingegen nicht zugelassen.

4.1 Das allgemeine Pfadmodell: Statistisches Modell

Abbildung 8 Allgemeines Pfadmodell

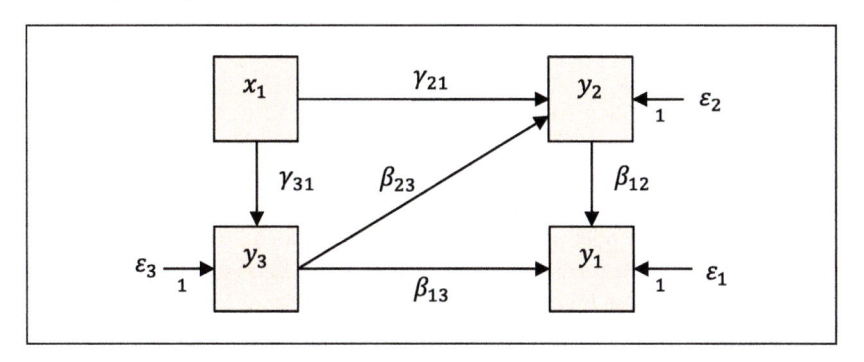

Tabelle 3 Formulierung eines Pfadmodells in Stata

Befehl/Optionen	Bedeutung
sem (y1 <- y2 y3) /// (y2 <- y3 x1) (y3 <- x1)	Pfadmodell, alle Regressionsgleichungen
, standardized	Option: standardisierte Koeffizienten
, method(ml)	Option: Schätzverfahren (default: ML)
, nomeans	Option: Unterdrückung der Ausgabe von Mittelwerten und Konstanten
estat teffects, standardized	Indirekte/totale Effekte, standardisiert (s. Kap. 4.3)
estat eqgof	Erklärte Varianz, R^2

Das Pfadmodell und dessen Strukturgleichungen ergeben in Matrixschreibweise:

$$\begin{bmatrix} y_1 \\ y_2 \\ y_3 \end{bmatrix} = \begin{bmatrix} \alpha_1 \\ \alpha_2 \\ \alpha_3 \end{bmatrix} + \begin{bmatrix} 0 & \beta_{12} & \beta_{13} \\ 0 & 0 & \beta_{23} \\ 0 & 0 & 0 \end{bmatrix} \begin{bmatrix} y_1 \\ y_2 \\ y_3 \end{bmatrix} + \begin{bmatrix} 0 \\ \gamma_{21} \\ \gamma_{31} \end{bmatrix} [x_1] + \begin{bmatrix} \varepsilon_1 \\ \varepsilon_2 \\ \varepsilon_3 \end{bmatrix}$$

Noch weiter zusammengefasst erhält man somit die Matrizen:

$$Y = \begin{bmatrix} y_1 \\ y_2 \\ y_3 \end{bmatrix}, \alpha = \begin{bmatrix} \alpha_1 \\ \alpha_2 \\ \alpha_3 \end{bmatrix}, B = \begin{bmatrix} 0 & \beta_{12} & \beta_{13} \\ 0 & 0 & \beta_{23} \\ 0 & 0 & 0 \end{bmatrix}, \Gamma = \begin{bmatrix} 0 \\ \gamma_{21} \\ \gamma_{31} \end{bmatrix}, X = [x_1], \zeta = \begin{bmatrix} \varepsilon_1 \\ \varepsilon_2 \\ \varepsilon_3 \end{bmatrix}$$

Allgemeiner kann man demnach für die Gleichungen im **Pfadmodell** schreiben:

$$Y = \alpha + BY + \Gamma X + \zeta$$

Aus dieser allgemeinen Gleichung für Pfadmodelle wird ersichtlich, dass explizit zwischen endogenen Variablen Y und exogenen Variablen X sowie Residuen ζ (bzw. unbekannten latenten exogenen Variablen in den Gleichungen) unterschieden wird. Das konkrete Muster der hypothetischen Zusammenhänge zwischen den Variablen im Modell spiegelt sich schließlich in den Einträgen der Matrizen als zu schätzende Regressionskoeffizienten B (Groß Beta) und Γ (groß Gamma) oder als auf 0 gesetzte Einträge/Pfade (nicht zu schätzende Parameter, wie z. B. y_{11} = 0) wider.

Residuen haben stets den Erwartungswert 0 und als Grundannahme im Pfadmodell gilt (defaultmäßig), dass exogene Variablen mit den Residuen und auch Residuen untereinander unkorreliert (orthogonal) sind, d. h.:

$$E(\varepsilon_k) = 0 \text{ sowie } \text{Cov}(x_k, \varepsilon_k) = \text{Cov}(\varepsilon_k, \varepsilon_{k'}) = 0 \text{ für } \varepsilon_k \neq \varepsilon_{k'}$$

oder auch

$$E(\zeta) = 0 \text{ sowie } \text{Cov}(X, \zeta) = \text{Cov}(\zeta, \zeta) = 0$$

Alle exogenen Variablen x_k werden, so wie auch in der einfachen Regression, defaultmäßig als korreliert angenommen. Wird jedoch theoretisch angenommen, dass zwei exogene Variablen unkorreliert sein sollen (d. h. Kovarianz = 0), müsste dies explizit spezifiziert werden. Das Einführen einer solchen **Restriktion** (hier: für „var1" und „var2") ist in Stata möglich über das Symbol @ und die folgende Option:

```
sem paths …, cov(var1*var2@0)
```

Sollen hingegen Residuen (in Stata: e.*varname*) in einem Pfadmodell korreliert sein, wie z. B. in der multivariaten Regression mit mehreren endogenen Variablen (*seemingly unrelated regression*) oder auch MANOVA, muss eine Residuenkovarianz ($\psi_{kk'}$) spezifiziert werden, d. h. frei gesetzt werden. Dies ist in Stata möglich über die Option:

```
sem paths …, cov(e.var1*e.var2)
```

oder auch

```
sem paths …, covstructure(e._En, unstructured)
```

womit konkret gemeint ist, dass Korrelationen zwischen allen Residuen (e._En) im Modell zugelassen werden (unstructured).

4.2 Arten von Kausalhypothesen als Pfadmodelle

Ein zentraler Unterschied zur gewöhnlichen linearen Regression bzw. einem Regressionsmodell mit nur einer Gleichung ist also, dass in Pfadmodellen generell mehrere Regressionsgleichungen gleichzeitig geschätzt werden (allgemeiner *simultaneous equations model*). Damit ergeben sich andere oder zusätzliche Forschungsfragen bzw. Kausalhypothesen, die behandelt werden können. Zusammengefasst sind verschiedene Arten von Kausalhypothesen in Tabelle 4 dargestellt.

Im Vergleich zum **monokausalen** Modell $x \to y$ (s. Tabelle 4-a) gilt in multivariaten Modellen, dass die Änderung des nun ermittelten Regressionskoeffizienten bzw. des direkten Effekts von $x \to y$ das Ausmaß (und die Richtung) der Beeinträchtigung durch Drittvariablen (z) darstellt, d. h. üblicherweise eine Verminderung (Konfundierung, Erklärung, Mediation) oder sogar eine Verstärkung (Suppression), d. h. ein zuvor nicht erkennbarer Zusammenhang wird sichtbar. Im **multikausalen** Modell (s. Tabelle 4-b), wie z. B. der multiplen Regression, wird jedoch noch keine Annahme über die spezifische Art der „Rolle" einer Drittvariablen (z) im Modell getroffen.

Es kann sich bspw. um eine **statistische Erklärung** oder **Konfundierung** (s. Tabelle 4-c) der Form $z \to x$, $z \to y$ und $x \to y$ handeln. Die statistische Erklärung (Konfundierung) lässt sich jedoch nur auf Basis theoretischer Überlegungen von der **Mediation** bzw. Interpretation (s. Tabelle 4-d) trennen, denn die sich ergebenden Muster hinsichtlich des Effekts $x \to y$ sind per se statistisch ident (MacKinnon et al., 2000). Das Modell der Mediation $x \to z$, $z \to y$ und $x \to y$ ist jedoch aus theoretischer Sicht klar unterschiedlich.

Die **Mediation** bzw. Interpretation (s. Tabelle 4-d) nimmt an, dass eine Variable x primär indirekten Einfluss auf y haben könnte, nämlich vermittelt über eine oder mehrere **Drittvariablen** z. Es lassen sich daher direkte, indirekte und totale Effekte von Variablen unterscheiden (s. Kap. 4.3). Auch kann eine teilweise Mediation (ein direkter Effekt $x \to y$ bleibt bestehen) oder vollständige Mediation (direkter Effekt $x \to y = 0$) vorliegen. Grundannahme der Mediation ist, dass die beteiligten Variablen jeweils bivariat signifikante Zusammenhänge aufweisen (Baron & Kenny, 1986). Dies muss jedoch nicht der Fall sein, wenn z. B. **Suppressionseffekte** auftreten, d. h. direkte und indirekte Effekt gegenläufige Vorzeichen haben, eine sogenannte „inkonsistente" Mediation (s. MacKinnon et al., 2000, S. 175). Meist

Tabelle 4 Arten von Kausalhypothesen als Pfaddiagramme

Pfaddiagramm	Beschreibung	Forschungsfrage
a. $x \xrightarrow{?} y$	Monokausal, Experiment	F: Besteht ein Effekt von x auf y?
b. $x \xrightarrow{?} y$, $z \to x$, $z \to y$	Multikausal, mehrere Prädiktoren (auch Konfundierung)	F: Ändert sich der Effekt von x auf y bei Kontrolle von z?
c. $x \xrightarrow{?} y$, $z \to x$, $z \to y$	Statistische Erklärung, Konfundierung, Scheinkorrelation	F: Ändert sich der Effekt von x auf y aufgrund einer gemeinsamen Ursache z?
d. $x \to z \to y$, $x \xrightarrow{?} y$	Mediation, Interpretation	F: Besteht ein direkter Effekt von x auf y oder wird er vollständig/teilweise durch z vermittelt?
e. $x \to y$, $z \xrightarrow{?}$	Moderation, Interaktion	F: Ist der Effekt von x auf y unterschiedlich, gegeben den Moderator z?
f. $x \to m \to y$, $z \xrightarrow{?}$	Moderierte Mediation (*moderated mediation*)	F: Wird z. B. der indirekte Effekt von x über m auf y durch z moderiert?
g. $x \xrightarrow{?} y$, $y \xrightarrow{?} x$	Reziproker, nicht-rekursiver Zusammenhang	F: Besteht ein Effekt von x auf y oder von y auf x?

4.2 Arten von Kausalhypothesen als Pfadmodelle

ist jedoch das Ziel, konsistente Mediationseffekte aufzudecken, d. h. Effekte mit gleichläufigen Vorzeichen. Eine basale Formulierung für die vollständige Mediation in Stata lautet (wobei nicht spezifizierte Pfade defaultmäßig auf 0 gesetzt sind, d. h. nicht geschätzt werden):

```
sem (x -> z) (z -> y)
```

Außerdem ist die Unterscheidung von **Mediation** und **Moderation** hervorzuheben (vgl. Baron & Kenny, 1986). Die **Moderation** bzw. Interaktion (s. Tabelle 4-e) nimmt an, dass der Zusammenhang $x \rightarrow y$ mit der Ausprägung (kategoriale Variable) bzw. dem Level (metrische Variable) einer Drittvariablen z unterschiedlich ausfällt. Im Rahmen der Interaktion lassen sich auch bereits explizite Hypothesen über nicht vorhandene Effekte testen, z. B. indem ein sogenannter Haupteffekt eliminiert wird (vgl. Brambor et al., 2006). Die Interaktion (Moderation) lässt sich prinzipiell über Produktterme von Variablen abbilden, wie z. B.:

```
generate i = x*z
```

Im sem Befehl steht allerdings nicht die in Stata übliche verkürzte Schreibweise (*factor variables*), wie etwa i.x##i.z, zur Verfügung. Die Formulierung in Stata müsste daher – nach dem Erzeugen eines Produktterms – lauten:

```
sem (x z i -> y)
```

Eine alternative Spezifikation der Moderation wäre für kategoriale Moderatorvariablen z der separat gerechnete **Gruppenvergleich**, d. h. die Frage: Ist der im Modell unterstellte Zusammenhang $x \rightarrow y$ für verschiedene Gruppen in z ident? Hier kann die entsprechende Option im sem Befehl verwendet werden:

```
sem (x -> y), group(z)
```

Die **Moderierte Mediation** (s. Tabelle 4-f) kombiniert schließlich Hypothesen der Moderation und Mediation. SEM ermöglichen es, vielfache Ausformungen dieser Modellart zu übersetzen und zu testen (vgl. Edwards & Lambert, 2007; Preacher et al., 2007).

Reziproke bzw. **nicht-rekursive** (nicht in eine Richtung laufende) **Zusammenhänge** (s. Tabelle 4-g) sind allein stehend, oder wenn die Variablen x und y mit denselben exogenen Variablen in Verbindung gebracht werden, nicht identifiziert, sondern nur in einem größeren Modellzusammenhang schätzbar (vgl. Paxton et al., 2011). In den folgenden Darstellungen werden aus Gründen der Einfachheit allerdings jeweils nur rekursive (in eine Richtung laufende) Modelle beschrieben. Zusammenfassend lässt sich sagen, dass für den Fall, in dem nur manifeste Variablen im Modell enthalten sind, Modelle a, b und e prinzipiell auch im Rahmen der einfachen Regression (= eine Gleichung) prüfbar sind. Modelle c, d, f, und g insbesondere Kombinationen der Modelle, lassen sich hingegen nur im Rahmen von SEM testen. Sollen zusätzlich latente Variablen im Modell analysiert werden (s. dazu ausführlicher Kap. 5 und 6), können nur SEM herangezogen werden.

4.3 Effektzerlegung: Direkte, indirekte und totale Effekte

Im Folgenden wird nun eine Unterscheidung zwischen dem **direkten, indirekten** und **totalen Effekt** von Variablen, der in der **Mediation** auftritt, näher bestimmt. Das einfache Regressionsmodell zeigt, wie erwähnt, nur den direkten Effekt einer Variablen. Die Idee in Pfadmodellen ist jedoch, dass sich alle Korrelationen zwischen Variablen prinzipiell als Summe der verbindenden Pfade, d. h. auch über Effekte anderer Variablen, darstellen lassen (vgl. Wright, 1934).

Pfadmodelle als eine Verknüpfung mehrerer Regressionsgleichungen, d. h. allgemein SEM, ermöglichen nun, den indirekten und totalen Effekt sowie deren Standardfehler (statistische Signifikanz) zusätzlich zu schätzen. Dabei gilt für den totalen Effekt von Variablen:

Totaler Effekt = Direkter Effekt + Indirekte Effekte

Wichtig ist hierbei zu erwähnen, dass der **tatsächliche Effekt** einer Variablen und deren statistische Signifikanz somit erst beurteilt werden sollte, wenn ihr totaler Effekt erhoben wurde (s. Saris & Stronkhorst, 1984, S. 261). Dieser kann, wie die einfache Gleichung zeigt, deutlich vom direkten Effekt abweichen, wenn primär indirekte Effekte vorliegen.

Betrachten wir nun das Beispiel oben (s. Abbildung 8, auf S. 49 sowie Tabelle 5) nochmals. Die Effektzerlegung ist folgendermaßen vorstellbar: Erhöht sich bspw. y_3 um 1 Einheit, hat dies zunächst direkt eine Erhöhung/Verminderung von y_1 zur Folge, indirekt jedoch auch eine Erhöhung/Verminderung in y_2 und über diese Variable wieder in y_1.

4.3 Effektzerlegung: Direkte, indirekte und totale Effekte

Tabelle 5 Beispiel für die Effektzerlegung in direkte, indirekte und totale Effekte

Pfadmodell	Bedeutung
[Pfaddiagramm mit $x_1 \to y_2$ (γ_{21}), $x_1 \to y_3$ (γ_{31}), $y_3 \to y_2$ (β_{23}), $y_2 \to y_1$ (β_{12}), $y_3 \to y_1$ (β_{13}), mit Fehlertermen $\varepsilon_1, \varepsilon_2, \varepsilon_3$]	Der Effekt von y_3 auf y_1 ergibt sich aus: • Direkter Effekt: β_{13} • Indirekter Effekt: $\beta_{23}\beta_{12}$ • Totaler Effekt = $\beta_{13} + \beta_{23}\beta_{12}$
[Pfaddiagramm mit $x_1 \to y_2$ (γ_{21}), $x_1 \to y_3$ (γ_{31}), $y_3 \to y_2$ (β_{23}), $y_2 \to y_1$ (β_{12}), $y_3 \to y_1$ (β_{13}), mit Fehlertermen $\varepsilon_1, \varepsilon_2, \varepsilon_3$]	Der Effekt von x_1 auf y_1 ergibt sich aus: • Direkter Effekt: 0 (d. h. kein Effekt angenommen) • Indirekter Effekt I: $\gamma_{21}\beta_{12}$ • Indirekter Effekt II: $\gamma_{31}\beta_{13}$ • Indirekter Effekt III: $\gamma_{31}\beta_{23}\beta_{12}$ • Totaler Effekt = $0 + \gamma_{21}\beta_{12} + \gamma_{31}\beta_{13} + \gamma_{31}\beta_{23}\beta_{12}$

Alle indirekten und totalen Effekte – unstandardisiert oder standardisiert – sowie die nach der sogenannten **Delta-Methode** berechneten **Standardfehler** bzw. deren statistische Signifikanz (vgl. Bollen, 1987; Sobel, 1987) werden in Stata mittels des folgenden Postestimation-Befehls ausgegeben:

```
estat teffects [, options]
```

Der Befehl ist ident zur Berechnung nicht-linearer Kombinationen einzelner Effekte aus dem Modell mittels `nlcom`. Für den totalen Effekt von y_3 auf y_1, der sich ergibt aus $\beta_{13} + \beta_{23}\beta_{12}$ (s. Tabelle 5), und dessen Standardfehler (bzw. z-Wert) gilt bspw. die Berechnung:

```
nlcom _b[y1:y3]+_b[y2:y3]*_b[y1:y2]
```

In Bezug auf **standardisierte indirekte bzw. totale Effekte** ist es wichtig zu erwähnen, dass Standardfehler (bzw. z-Werte) in Stata derzeit (Version 14) nicht automatisch mit berechnet werden (s. StataCorp, 2015: Decomposition of effects into total, direct, and indirect). Standardfehler beziehen sich daher im Output nach `teffects` immer auf die unstandardisierten Koeffizienten/Pfade. Die statistische Signifikanz standardisierter indirekter bzw. totaler Effekte (korrekter Standardfehler und z-Wert nach der Delta-Methode) lässt sich jedoch im Beispiel relativ leicht manuell ermitteln über (mit Leerzeichen nach `stdize:`):

```
estat stdize: nlcom _b[y1:y3]+_b[y2:y3]*_b[y1:y2]
```

Erwähnt sei außerdem, dass standardisierte totale Effekte nach deren Schätzung in der intern gespeicherten Matrix r(total_std) zur weiteren Verwendung zur Verfügung stehen.

Werden hingegen nicht nur gerichtete Beziehungen unterstellt, sondern (auch) Kovarianzen zwischen exogenen Variablen, können alle geschätzten Zusammenhänge wiederum als Summe der folgenden Pfade dargestellt werden: direkte Effekte, indirekte Effekte, gemeinsame Effekte durch Kovarianz (*joint effects*) und Erklärung (*spurious relationships*) (= **Dekompositionsregel**, s. Saris & Stronkhorst, 1984, S. 121). Wie sich die **modellimplizierte Varianz-Kovarianz-Struktur** für komplexere Pfadmodelle bzw. SEM allgemein darstellt wird im folgenden Abschnitt (s. Kap. 4.4) beschrieben.

4.4 Exkurs: Kovarianz- und Mittelwertstruktur in SEM

Das Pfadmodell besagt nun ident zum einfachen Regressionsmodell, dass sich die Varianz(en) der abhängigen (endogenen) Variablen über die Kovarianz mit erklärenden (exogenen) Variablen, mit selbst endogenen Variablen sowie einem nicht erklärten Anteil (Residuum, exogene latente Variable) darstellen lässt. Diese Beschreibung ergibt sich aus dem **Pfadmodell** in Matrixschreibweise:

$$Y = \alpha + BY + \Gamma X + \zeta$$

Wir erinnern uns an das Beispiel oben (s. Abbildung 8, auf S. 49) mit den entsprechenden Matrizen:

$$Y = \begin{bmatrix} y_1 \\ y_2 \\ y_3 \end{bmatrix},\ \alpha = \begin{bmatrix} \alpha_1 \\ \alpha_2 \\ \alpha_3 \end{bmatrix},\ B = \begin{bmatrix} 0 & \beta_{12} & \beta_{13} \\ 0 & 0 & \beta_{23} \\ 0 & 0 & 0 \end{bmatrix},\ \Gamma = \begin{bmatrix} 0 \\ \gamma_{21} \\ \gamma_{31} \end{bmatrix},\ X = [x_1],\ \zeta = \begin{bmatrix} \varepsilon_1 \\ \varepsilon_2 \\ \varepsilon_3 \end{bmatrix}$$

$$\Phi = [\phi_{11}],\ \Psi = \begin{bmatrix} \psi_{11} & 0 & 0 \\ 0 & \psi_{22} & 0 \\ 0 & 0 & \psi_{33} \end{bmatrix},\ \kappa = [\kappa_1]$$

Die **modellimplizierte Varianz-Kovarianz-Struktur** resultiert, wie erwähnt, aus den im Modell frei geschätzten oder restringierten Parametern in θ (klein Theta), nämlich die Parameter in B, Γ, Ψ, Φ, α und κ, und wird für Pfadmodelle und lineare SEM generell wie folgt spezifiziert. Im Vergleich zur einfachen Regression wei-

4.4 Exkurs: Kovarianz- und Mittelwertstruktur in SEM

sen die modellimplizierten Kovarianzmatrizen allerdings eine deutlich komplexere Matrixalgebra auf (vgl. Bollen, 1989, S. 85f; StataCorp, 2015: Methods and formulas for sem/Model and parameterization):

$$\widehat{\text{Cov}}(y_k) = \Sigma_Y(\theta) = (I - B)^{-1}(\Gamma\Phi\Gamma' + \Psi)((I - B)^{-1})'$$

$$\widehat{\text{Cov}}(y_k, x_k) = \Sigma_{YX}(\theta) = (I - B)^{-1}\Gamma\Phi$$

$$\widehat{\text{Cov}}(x_k) = \Sigma_X(\theta) = \Phi$$

Hierbei steht I für eine Einheitsmatrix, die Matrix M' steht generell für die Transposition einer Matrix M und M^{-1} meint die sogenannte Inverse einer Matrix (als Gegenstück) für die gilt, dass $M^{-1}M = I$.

Die **gesamte modellimplizierte Kovarianzmatrix** in SEM setzt sich dann zusammen aus (s. dazu auch Kap. 3.9):

$$\Sigma(\theta) = \begin{bmatrix} \Sigma_Y(\theta) & \Sigma_{YX}(\theta) \\ \Sigma_{YX}(\theta)' & \Phi \end{bmatrix}$$

Die **modellimplizierte Mittelwertstruktur** in SEM ergibt sich allgemein aus der Matrix der Mittelwerte exogener Variablen κ (klein Kappa), d.h. der Erwartungswerte E(X), aus denen sich modellimplizierte Mittelwerte endogener Variablen (μ$_Y$), d.h. die Erwartungswerte E(Y), wie folgt bestimmen lassen (s. StataCorp, 2015: Methods and formulas for sem/Model and parameterization):

$$\kappa = E(X)$$

$$\mu_Y = (I - B)^{-1}(\alpha + \Gamma\kappa)$$

Wichtig abseits der durchaus komplexen Formeln ist, sich zu vergegenwärtigen, dass im Unterschied zum einfachen Regressionsmodell die so berechnete **modellimplizierte Kovarianzmatrix** von der **empirischen Stichprobenkovarianzmatrix** in aller Regel abweicht, d.h. ihr Muster wird nicht wie in der einfachen Regression mit nur einer Gleichung exakt repliziert. Dieser Umstand folgt aus dem expliziten Einführen von **Modellrestriktionen** (im Beispiel oben wird z.B. kein direkter Effekt zwischen x_1 auf y_1 angenommen, womit $\gamma_{11} = 0$) und damit gilt, dass *d.f.* (Freiheitsgrade) > 0 (s. dazu ausführlicher Kap. 8.4). Alle freien Parameter werden schließlich, ähnlich zur OLS-Methode, durch bestimmte Schätzverfahren ermittelt bzw. angenähert (s. dazu ausführlicher Kap. 8.3), wobei die bestmögliche Anpassung des Modells an die Daten, d.h. eine möglichst exakte Reproduktion der empirischen Muster gewährleistet werden soll (s. Kap. 8.1).

In Summe läuft dieses Vorgehen der Spezifikation von SEM auf ein explizites Testen bestimmter Modellrestriktionen (*constraints*) hinaus (s. Kap. 8.1). Ob diese theoretischen Annahmen (Restriktionen) haltbar sind, wird schließlich über die allgemeine Modellgüte (s. Kap. 9.1) bzw. verschiedene Fit-Maße bestimmt (s. Kap. 9.2).

# Messmodell: Indikator-Konstrukt-Beziehung und Messfehler

> **Zusammenfassung**
>
> Das folgende Kapitel widmet sich der Beschreibung des Zusammenhangs zwischen latentem Konstrukt bzw. latenten Variablen und Indikatoren über ein Messmodell. Erörtert werden Grundlagen und Konzepte der Klassischen Testtheorie (KTT): Messung, Messfehler und Reliabilität der Messung. Danach wird der Frage nachgegangen und beispielhaft demonstriert, welche Auswirkungen Messfehler auf die Analyse von Variablenzusammenhängen haben und wie Messfehler mit SEM berücksichtigt bzw. korrigiert werden können.

Die nun folgenden Abschnitte widmen sich der Beschreibung des Zusammenhangs zwischen Konstrukten oder latenten Variablen (z. B. Xenophobie, Intelligenz, Persönlichkeit etc.) und deren Repräsentation durch Indikatoren (beobachtete Variablen): sogenannte **Messmodelle**. Ziel von SEM ist letztlich, diese Messmodelle mit einem Strukturmodell zu verbinden, um **Zusammenhänge zwischen latenten Konstrukten** selbst zu erforschen bzw. die Analyse um Messfehler zu bereinigen.

5.1 Klassische Testtheorie: Messung, Messfehler und Reliabilität

Die wohl prominenteste Theorie zur Beschreibung des Zusammenhangs zwischen Messung und theoretischen Konstrukten sowie dem Problem von „Messfehlern" ist das **Messmodell** der Klassischen Testtheorie (KTT) (Lord & Novick, 1968; vgl. auch Moosbrugger, 2008; Reinecke, 2014, Kap. 4.4). Wie bereits eingangs erwähnt, postuliert die KTT die folgende Formel über den Zusammenhang zwischen beobachtetem **Messwert** x (*observed score*), Konstrukt oder **wahrem Wert** auf einer latenten Variable t (*true score*) und einem unsystematischen (zufälligen) **Messfehler** e (*error*):

$$x = t + e$$

Zusätzlich werden die zentralen Axiome der KTT vorgestellt. Das Ausmaß des Messfehlers e, sofern dieser zufällig (stochastisch) ist, wird als unabhängig von den Ausprägungen der wahren Werte in t angenommen:

$$\mathrm{Cov}(t, e) = 0$$

Die gesamte Variation der Messwerte x lässt sich unter dieser Bedingung (s. Kap. 3.3) dementsprechend zerlegen in:

$$\mathrm{Var}(x) = \mathrm{Var}(t) + \mathrm{Var}(e)$$

Daher gilt immer auch, dass:

$$\mathrm{Var}(x) \geq \mathrm{Var}(t)$$

Wie auch in der Regression soll gelten, dass:

$$E(e) = 0$$

Für den wahren Wert t nimmt man an, dass er als Erwartungswert (Mittelwert) empirischer Messungen darstellbar ist, da Messfehler zufällig sind und sich im Mittel aufheben:

$$E(t) = E(x)$$

Die Formeln der KTT lassen sich ebenfalls als Pfaddiagramm darstellen, wobei der wahre Wert bzw. die latente Variable (= Kreis), eine manifeste Variable der Messwerte (= Rechteck) und das Residuum (bzw. Messfehler) unterschieden werden (s. Abbildung 9).

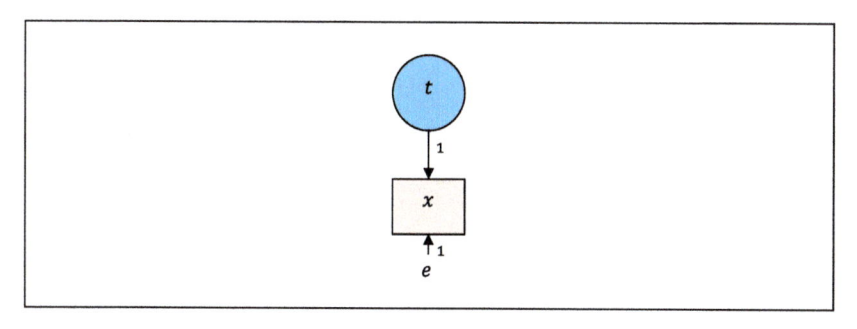

5.1 Klassische Testtheorie: Messung, Messfehler und Reliabilität

Abbildung 9 Modell der Klassischen Testtheorie

Ein zentrales Konzept der Qualität der Messung in der KTT ist nun die **Reliabilität** (oder **Präzision**) der Messung (vgl. Danner, 2015). Die Reliabilität ρ (klein Rho) ist generell definiert als das Verhältnis von True-Score- zu Observed-Score-Varianz, d. h. dem Anteil der Varianz des „wahren" Konstrukts t an der Varianz im Messinstrument/Indikator x:

$$\rho_x = \frac{\text{true score Varianz}}{\text{observed score Varianz}}$$

Daher nimmt die Reliabilität Werte zwischen 0 und 1 (= perfekte Reliabilität) an. Im konkreten Fall der KTT gilt, dass:

$$\rho_x = \frac{\text{Var}(t)}{\text{Var}(x)} = \frac{\text{Var}(t)}{\text{Var}(t) + \text{Var}(e)} = 1 - \frac{\text{Var}(e)}{\text{Var}(x)} = \widehat{\text{Corr}}(t, x)^2$$

Die Reliabilität ist damit auch zu verstehen als die Stärke des Zusammenhangs zwischen den wahren Werten und Messwerten, nämlich die quadrierte Korrelation (s. auch erklärte Varianz, R^2).

Es erscheint einleuchtend, dass die Reliabilität bei nur einer Messung (ein Indikator) eines latenten Konstrukts grundsätzlich nicht eindeutig bestimmbar ist, da schlichtweg die nötige Information fehlt, um die einzelnen Komponenten der Formel zu trennen. Die Reliabilität eines einzelnen Messinstruments/Indikators ließe sich nur über mehrere Messzeitpunkte (Längsschnittdaten) bestimmen (vgl. Alwin, 2007). Es werden daher immer mindestens zwei Messungen benötigt, um eine **Schätzung der Reliabilität** zu erhalten. Liegen etwa zwei parallele Messungen x und x' vor, d. h. zwei Messungen mit identen „Messeigenschaften" (s. Kap. 6.6), dann gilt für deren Reliabilität, dass $\rho_{xx'} = \text{Corr}(x, x')$. Die Reliabilität ist in diesem Spezialfall ident zur Korrelation der beiden Messungen (sogenannte Split-

Half-Reliabilität). Allgemeinere Möglichkeiten der Reliabilitätsschätzung, die im Rahmen der **Faktorenanalyse** Anwendung finden, werden weiter unten diskutiert (s. Kap. 6.10).

5.2 Was bewirken Messfehler in bivariaten Korrelationen?

Für typische Ausgangssituationen soll nun der Frage nachgegangen werden, welche **Auswirkungen** Messfehler tatsächlich auf die Analyse haben können und wie damit potenziell umgegangen werden kann. Wir fokussieren daher näher auf den Fall, dass eine Messung den wahren Wert des zu messenden Merkmals bzw. Konstrukts nicht perfekt repräsentiert bzw. unreliabel ist, d. h. wenn gilt, dass:

$$x \neq t$$

Als Beispiel betrachten wir nun zunächst **bivariate Zusammenhänge** oder **Korrelationen** zwischen zwei nicht perfekt gemessenen Variablen x_1 und x_2. Zwar kann man für diesen Fall zeigen, dass in Bezug auf deren wahre Werte t_1 und t_2 gilt, dass (s. Moosbrugger, 2008, S. 105):

$$\text{Cov}(x_1, x_2) = \text{Cov}(t_1, t_2)$$

Da aber immer gilt, dass:

$$\text{Var}(t) \leq \text{Var}(x)$$

und sich die Korrelation berechnet nach:

$$\text{Corr}(x_1, x_2) = \frac{\text{Cov}(x_1, x_2)}{\sqrt{\text{Var}(x_1)} \sqrt{\text{Var}(x_2)}}$$

folgt daraus, dass:

$$\text{Corr}(x_1, x_2) \leq \text{Corr}(t_1, t_2)$$

Das bedeutet, dass die **Korrelation** der gemessenen Werte x_1 und x_2 nicht ident sein wird mit der Korrelation der wahren Werte t_1 und t_2, sondern für gewöhnlich bedeutsam geringer.

5.2 Was bewirken Messfehler in bivariaten Korrelationen? 63

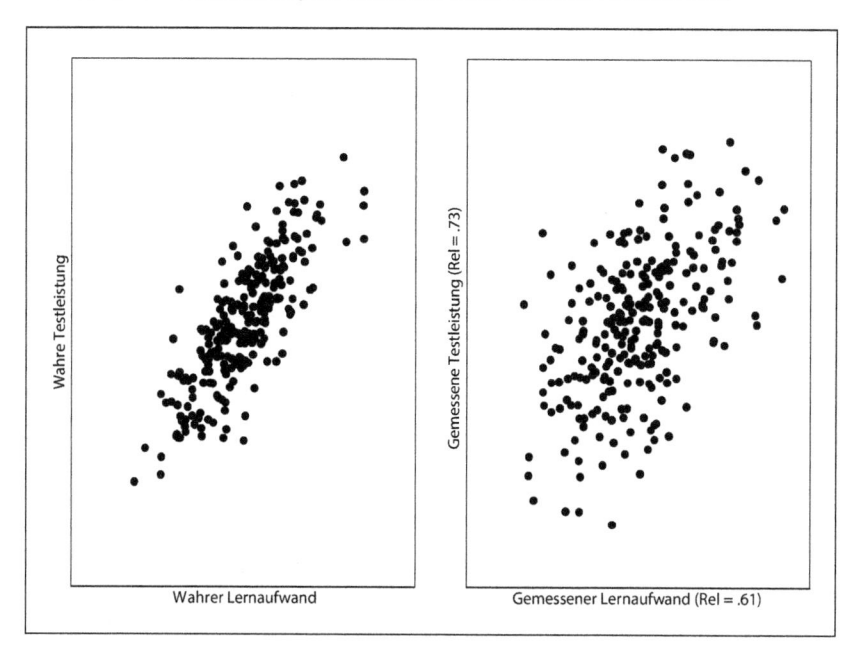

Abbildung 10 Abschwächung der Korrelation durch Messfehler (fiktive Daten)

Die Verunreinigung der Messung und die Abschwächung (*attenuation*) der Korrelation lässt sich für ein fiktives Beispiel auch grafisch darstellen (s. Abbildung 10). Hier wurde bspw. eine theoretisch wahre Korrelation der Konstrukte von $r = .80$ durch die Hinzunahme von beiderseits zufälligen Messfehlern (mangelnde Reliabilität) auf $r = .54$ reduziert.

Die sogenannte „**Minderungskorrektur**" (*correction for attenuation*) für imperfekte Messungen, die mit unsystematischen Messfehlern behaftet sind, ermöglicht es, auf die „wahre" Korrelation zwischen Variablen rückzuschließen (vgl. Spearman, 1904b):

$$\widetilde{\text{Corr}}(t_1, t_2) = \frac{\text{Corr}(x_1, x_2)}{\sqrt{\rho_{x_1} \rho_{x_2}}}$$

Die Korrelation zwischen den beobachteten (manifesten) Variablen x_1 und x_2 wird daher um das Ausmaß ihrer Reliabilitäten (ρ_{x_1} und ρ_{x_2}) in Bezug auf die zu messenden latenten Konstrukte t_1 und t_2 korrigiert. Der Zusammenhang ließe sich mittels eines Pfaddiagramms ebenso grafisch darstellen, wobei jeweils unsystematische Messfehler (e_1 und e_2) vorliegen (s. Abbildung 11).

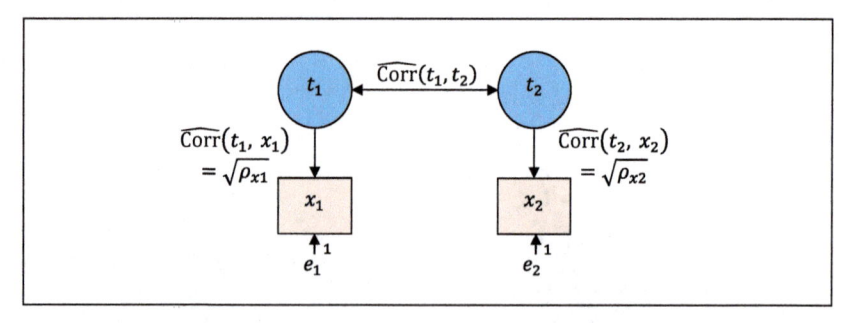

Abbildung 11 Korrelation mit Minderungskorrektur

Anders formuliert, folgt daraus, dass die „wahre" Korrelation zwischen t_1 und t_2 wie folgt vermindert bzw. abgeschwächt wurde:

$$\text{Corr}(x_1, x_2) = \widehat{\text{Corr}}(t_1, x_1) \cdot \widehat{\text{Corr}}(t_1, t_2) \cdot \widehat{\text{Corr}}(t_2, x_2)$$

Haben bspw. zwei Messinstrumente x_1 und x_2 Reliabilitäten von .734 und .610 wird eine theoretisch wahre Korrelation der Messwerte von z. B. $r = .80$, wie oben bereits erwähnt, auf $r = .54$ vermindert:

$$\text{Corr}(x_1, x_2) = \sqrt{.734} \cdot .80 \cdot \sqrt{.610} = .54$$

Für das Beispiel vorhin und das Modell in Abbildung 11 ergäbe sich daher folgende errechnete Korrelationsmatrix (s. Tabelle 6). Dabei wird auch ersichtlich, dass die Korrelation einer Variablen x mit anderen Variablen (z. B. y) durch das Ausmaß der Reliabilität im Sinne einer Obergrenze beschränkt wird. Anders formuliert, eine beobachtete Korrelation mit x kann maximal so groß sein, wie die Wurzel der Reliabilität von x (s. Danner, 2015, S. 2):

$$\text{Corr}(x, y)_{max} \leq \sqrt{\rho_x}$$

Bei $\rho_x = .61$ ist bspw. jedwede beobachtete Korrelation mit einer weiteren Variable y, selbst wenn diese in Wahrheit perfekt mit ihrem wahren Wert (t) korreliert wäre, beschränkt mit $\text{Corr}(x, y)_{max} \leq .781$.

Tabelle 6 Fiktive Korrelationsmatrix (wahre Werte, Messfehler, Messungen)

	t_1	t_2	e_1	e_2	x_1	x_2
t_1	1					
t_2	.800	1				
e_1	0	0	1			
e_2	0	0	0	1		
x_1	.857	.686	.514	0	1	
x_2	.625	.781	0	.625	.536	1

Die **Minderungskorrektur** kann bei bekannten Reliabilitäten von x_1 und x_2 in Stata über den sem Befehl vorgenommen werden. Dabei werden die zugrunde liegenden (exogenen) latenten Variablen t_1 und t_2 in einem Modell mit aufgenommen (als latente Variablen spezifiziert):

```
sem (t1 -> x1) (t2 -> x2), ///
latent(t1 t2) reliability(x1 .734 x2 .610) standardized
```

In Stata wird nun defaultmäßig die Korrelation aller (latenten) exogenen Variablen (hier: t_1 und t_2) berechnet und ausgewiesen.

5.3 Was bewirken Messfehler in der bivariaten linearen Regression?

Wir fokussieren nun auf den Fall der **bivariaten linearen Regression** (Anm.: u steht hier für das Residuum):

$$y = \alpha + \gamma x + u$$

Was wäre, wenn x eine mit Messfehlern e behaftete Messung der wahren Werte in t ist? Man nimmt also an, dass $x = t + e$, wobei gelten soll, dass $\text{Cov}(t, e) = \text{Cov}(e, u^*) = 0$. In diesem Fall werden α und γ in der Regressionsgleichung **inkonsistent** sein, da x mit t und y mit t zusammenhängt, wodurch eine Verzerrung in der Modellschätzung bzw. eine Misspezifikation auftritt. Die notwendige Bedingung $\text{Cov}(x, u) \neq 0$ ist für eine konsistente Schätzung nicht erfüllt (genauer: u ist

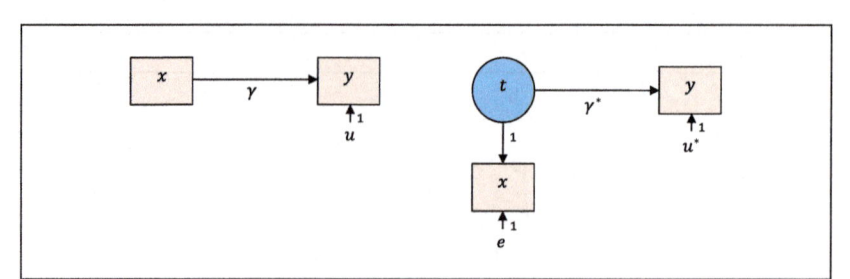

Abbildung 12 Bivariate Regression mit Messfehlern in der exogenen Variablen

mit t korreliert). Wenn man nun t für x in die Regressionsgleichung einsetzt, erhält man die „echte" Regression nach:

$$y = \alpha + \gamma(t + e) + u$$

$$y = \alpha^* + \gamma^* t + (\gamma^* e + u)$$

$$y = \alpha^* + \gamma^* t + u^*$$

Als Pfaddiagramm ließe sich der Zusammenhang einer durch Messfehler beeinträchtigten Regression wie folgt darstellen (s. Abbildung 12). Eine alternative Lesart, die aus der Grafik folgt, ist, dass t den ursprünglichen Zusammenhang zwischen x und y vollständig statistisch erklärt, da t „Ursache" beider beobachteten Variablen ist.

Der „wahre" Zusammenhang ($\gamma = \gamma^*$) liegt also nur dann vor, wenn $x = t$ bzw. wenn kein Messfehler in x vorliegt ($\rho_x = 1$). Die Verzerrung des Zusammenhangs ist dann umso größer, je geringer die Reliabilität ρ_x ist. Die Folge von Messfehlern in der erklärenden Variable x ist schließlich (s. Verbeek, 2012, S. 127 f):

- Die Regression ist nur konsistent für x, aber nicht für t
- γ ist nur konsistent, wenn keine Messfehler auftreten, d.h. Var(e) = 0 oder $\rho_x = 1$
- γ wird unterschätzt, je größer der Messfehler ist, d.h. je geringer ρ_x ist
- α wird bei einem positiven y überschätzt und die Überschätzung steigt, je geringer ρ_x ist

Auch steigt R^2 in der wahren Regression, da zuvor ein größerer nicht erklärter Anteil vorlag (das Residuum beinhaltete Varianzanteile der zuvor unberücksichtigten Variable t).

5.3 Was bewirken Messfehler in der bivariaten linearen Regression?

Eine Möglichkeit diesem Umstand zu begegnen, wäre mittels einer **errors-in-variables Regression** bekannte Reliabilitäten von Variablen zu berücksichtigen. Diese Möglichkeit bietet in Stata ein eigener Befehl:

```
eivreg depvar indepvars, reliab(indepvar #)
```

Als Beispiel betrachten wir das Modell mit zwei Variablen (x und y) und bekannter Reliabilität von x, z. B. $\rho_x = .75$. Dadurch wird angenommen, das sich die Varianz von t aus der angenommenen Reliabilität der Messung (der Anteil, der nicht auf Messfehler zurückzuführen ist) und bekannter Varianz von x ergibt:

$$\rho_x = \frac{\text{Var}(t)}{\text{Var}(x)} \text{ und daher } \text{Var}(t) = \text{Var}(x)\rho_x$$

Beispiel 11 Regression ohne und mit Minderungskorrektur

```
. reg y x, cformat(%4.3f)
      Source |       SS       df       MS              Number of obs =     500
-------------+------------------------------           F(  1,   498) =   49.25
       Model |  1122.75002     1  1122.75002           Prob > F      =  0.0000
    Residual |  11352.2499   498  22.7956826           R-squared     =  0.0900
-------------+------------------------------           Adj R-squared =  0.0882
       Total |     12475    499  24.9999999           Root MSE      =  4.7745

------------------------------------------------------------------------------
           y |      Coef.   Std. Err.      t    P>|t|     [95% Conf. Interval]
-------------+----------------------------------------------------------------
           x |      0.214       0.031    7.02   0.000        0.154       0.274
       _cons |      1.143       0.246    4.65   0.000        0.660       1.626
------------------------------------------------------------------------------

. eivreg y x, rel(x .75) cformat(%4.3f)

                  assumed                      Errors-in-variables regression
     variable     reliability
    ------------------------------                 Number of obs =     500
            x     0.7500                           F(  1,   498) =   50.93
            *     1.0000                           Prob > F      =  0.0000
                                                   R-squared     =  0.1200
                                                   Root MSE      = 4.69512

------------------------------------------------------------------------------
           y |      Coef.   Std. Err.      t    P>|t|     [95% Conf. Interval]
-------------+----------------------------------------------------------------
           x |      0.286       0.040    7.14   0.000        0.207       0.364
       _cons |      0.857       0.264    3.25   0.001        0.338       1.376
------------------------------------------------------------------------------
```

Die Ergebnisse aus einem **Analysebeispiel** bestätigen, dass γ (und damit auch R^2) unterschätzt und α bei einem positiven Regressionskoeffizienten γ überschätzt wird (s. Beispiel 11).

Allerdings kann imperfekte Reliabilität ($\rho < 1$) mit Hilfe der errors-in-variables Regression in Stata nur für exogene Variablen x_k berücksichtigt werden, nicht für die endogenen Variablen y_k. Außerdem werden mit `eivreg` nur unstandardisierte Koeffizienten berechnet. Eine attraktive Alternative bietet die Spezifikation des Modells über SEM (s. weiter unten).

5.4 Was bewirken Messfehler in multivariaten Zusammenhängen?

Als weiteres Beispiel betrachten wir zunächst wiederum die Korrelation zwischen x_1 und x_2. Wird nun eine relevante **Drittvariable** oder **konfundierende Variable** z hinzugenommen, wird bei abnehmender Reliabilität von z die ursprüngliche Korrelation schlichtweg unterkorrigiert (Kahneman, 1965). Eine Scheinkorrelation bleibt also möglicherweise bestehen. Das heißt, anders ausgedrückt, für diese Fälle der multivariaten Analyse, in der eine Drittvariable durch Messfehler beeinträchtigt ist, gilt, dass üblicherweise eine Nullhypothese häufiger zurückgewiesen wird, obwohl sie in Wirklichkeit wahr ist (d. h. wenn de facto kein Zusammenhang besteht) – der Fehler 1. Art oder Alpha-Fehler ist inflationiert (Westfall & Yarkoni, 2016).

Das Problem der Beeinträchtigung durch **Messfehler** erstreckt sich soweit, dass selbst **Summenindizes** (*Composite Scores*) aus mehreren Indikatoren zu inkonsistenter Schätzung führen. Man kann nämlich zeigen, dass auch Summenindizes immer Messfehler beinhalten und nie ident zu einer latenten Variable bzw. dem Konstrukt selbst sind (s. dazu ausführlicher Kap. 6.11). Daher führen auch multivariate Regressionen oder Pfadanalysen mit Summenindizes bei zunehmend geringerer Reliabilität des „Composite Scores" (s. dazu ausführlicher Kap. 6.10) zu **inkonsistenter Schätzung** bzw. üblicherweise Unterschätzung der untersuchten Zusammenhänge (Cole & Preacher, 2014; Westfall & Yarkoni, 2016). Statistisch betrachtet führen eben diese ausgelassenen (ignorierten) latenten Variablen in der Gleichung zu verzerrten (inkonsistenten) Zusammenhängen.

Untersucht man nun Variablen mit jeweils mangelhafter Reliabilität im multivariaten Kontext, verkompliziert sich die Lage also weiter. In einfachsten Fall kann jedoch eine Art errors-in-variables Regression als **SEM** formuliert werden. Wenn also für ein beliebiges Regressionsmodell, z. B. gilt:

$$y = \alpha + \gamma_1 x_1 + \gamma_2 x_2 + \varepsilon$$

5.4 Was bewirken Messfehler in multivariaten Zusammenhängen?

und lediglich Messungen mit imperfekter Reliabilität vorliegen, z. B. $\rho_y = .80$, $\rho_{x_1} = .75$ und $\rho_{x_2} = .60$, dann ließe sich in Stata spezifizieren:

```
sem (Xi1 Xi2 -> Eta) (Eta -> y) ///
(Xi1 -> x1) (Xi2 -> x2), ///
latent(Xi1 Xi2 Eta) reliability(y .8 x1 .75 x2 .60) ///
standardized
```

Der Sprache für SEM in Stata folgend, wird dabei in der ersten Zeile des Befehls zwischen den exogenen latenten Variablen ξ_1 und ξ_2 (klein Xi) und erstmals einer endogenen latenten Variablen η (klein Eta) unterschieden, die jeweils in latent(*varlist*) spezifiziert wurden (s. Abbildung 13).

Damit wird explizit gemacht, dass die Regression zwischen den dahinter liegenden latenten Variablen selbst durchgeführt werden soll. Übersetzt bedeutet das, eine zusätzliche bzw. alternative Regressionsgleichung wird formuliert:

$$\eta = \alpha_\eta + \gamma_1^* \xi_1 + \gamma_2^* \xi_2 + \zeta$$

Im Output von Stata wird (für diesen Fall eindeutig) auch zwischen den Parametern *Structural* und *Measurement* unterschieden (s. Beispiel 12). Die Ergebnisse aus dem **Analysebeispiel** mit den bereits verwendeten fiktiven Daten liefern somit die um **Messfehler bereinigten** Regressionskoeffizienten (hier: γ^*) und defaultmäßig die Korrelation aller (latenten) exogenen Variablen (hier: zwischen ξ_1 und ξ_2).

Abbildung 13 Regression mit Minderungskorrekturen (errors-in-variables Regression)

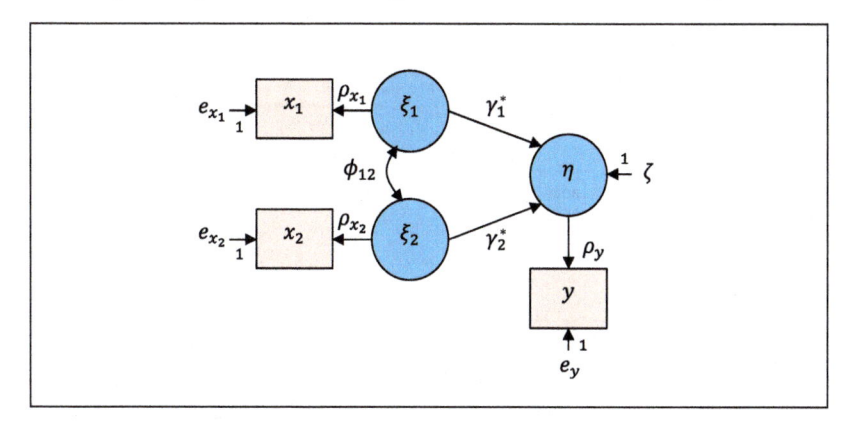

Beispiel 12   Regression mit Minderungskorrekturen: SEM-Ansatz

```
. sem (Xi1 Xi2 -> Eta1) (Eta1 -> y) (Xi1 -> x1) (Xi2 -> x2), latent(Xi1 Xi2
Eta1) ///
> reliability(y .8 x1 .75 x2 .60) standardized noheader nomeans cformat(%4.3f)

Endogenous variables

Measurement:   y x1 x2
Latent:        Eta1

Exogenous variables

Latent:        Xi1 Xi2

Fitting target model:

Iteration 0:   log likelihood = -4758.4224
Iteration 1:   log likelihood = -4732.8628
Iteration 2:   log likelihood = -4727.8951
Iteration 3:   log likelihood = -4727.7052
Iteration 4:   log likelihood = -4727.7048
 ( 1)  [y]Eta1 = 1
 ( 2)  [x1]Xi1 = 1
 ( 3)  [x2]Xi2 = 1
 ( 4)  [var(e.y)]_cons = 4.99
 ( 5)  [var(e.x1)]_cons = 8.982
 ( 6)  [var(e.x2)]_cons = 19.5608
-----------------------------------------------------------------------------
             |                 OIM
Standardized |   Coef.   Std. Err.      z    P>|z|    [95% Conf. Interval]
-------------+---------------------------------------------------------------
Structural   |
  Eta1 <-    |
         Xi1 |   0.412     0.056      7.39   0.000       0.303     0.522
         Xi2 |   0.279     0.064      4.39   0.000       0.155     0.404
-------------+---------------------------------------------------------------
Measurement  |
  y <-       |
        Eta1 |   0.894     0.007    126.49   0.000       0.881     0.908
-------------+---------------------------------------------------------------
  x1 <-      |
         Xi1 |   0.866     0.009     94.87   0.000       0.848     0.884
-------------+---------------------------------------------------------------
  x2 <-      |
         Xi2 |   0.775     0.016     47.43   0.000       0.743     0.807
-------------+---------------------------------------------------------------
    var(e.y) |   0.200     0.013                          0.177     0.226
   var(e.x1) |   0.250     0.016                          0.221     0.283
   var(e.x2) |   0.400     0.025                          0.353     0.453
 var(e.Eta1) |   0.666     0.050                          0.575     0.772
    var(Xi1) |   1.000        .                              .         .
    var(Xi2) |   1.000        .                              .         .
-------------+---------------------------------------------------------------
 cov(Xi1,Xi2)|   0.373     0.061      6.10   0.000       0.253     0.492
-----------------------------------------------------------------------------
LR test of model vs. saturated: chi2(0)   =         0.00, Prob > chi2 =    .
```

5.4 Was bewirken Messfehler in multivariaten Zusammenhängen?

Wie lässt sich aber das Ausmaß der Messfehler, d. h. die Reliabilität einer Variablen bzw. eines Indikators voraussagen, wenn nicht mehrere Messungen vorliegen? Da die Option reliability( ) innerhalb des sem Befehls offenkundig annimmt, dass Informationen über die Reliabilität vorliegen, bietet sie sich bspw. dann an, wenn in den Rohdaten nicht einzelne Messungen (Indikatoren) vorliegen, sondern lediglich aggregierte Werte (d. h. Summenindizes, Skalenwerte, Testscores), deren Reliabilität jedoch bestimmbar ist. Dabei müssten etwa **externe Reliabilitätsschätzungen** herangezogen werden, wie z. B. aus einem Testmanual bzw. Skalenbuch (z. B. Alpha-Werte nach Cronbach) oder bspw. aus Meta-Analysen zur Reliabilitätsschätzung einzelner Fragebogen-Items mittels entsprechender Software (SQP, vgl. Saris & Gallhofer, 2007; Saris et al., 2011). Man sollte jedoch beachten, dass die Annahme einer fixen Reliabilität eines Messinstruments nicht zwangsläufig richtig ist, da das Ausmaß von Messfehlern ein Merkmal der jeweiligen **Stichprobe** bzw. der ihr zugrunde liegenden Population ist. Die Reliabilität eines Instruments (als Koeffizient) ist somit ein stichprobenspezifisches und kein stichprobenunabhängiges Maß (vgl. Alwin, 2007).

Die zuvor erläuterten Beispiele haben allerdings das wesentliche **Ziel von SEM** aufgezeigt: zugrunde liegende latente Variablen sollen selbst in ein Strukturmodell mit eingebaut werden. Viel üblicher ist es jedoch, mehrere Indikatoren heranzuziehen und direkt in ein SEM einzubauen, anstatt nur die Reliabilität von Messinstrumenten zu beziffern. Die Basis für diese Art von erweiterter Analyse ist die Verknüpfung von latenten Variablen mittels der Methode der Faktorenanalyse, die im folgenden Abschnitt (Kap. 6) vorgestellt wird.

Faktorenanalyse: Messmodell latenter Variablen in SEM

6

> **Zusammenfassung**
>
> Der Abschnitt stellt zunächst allgemein Klassen von Messmodellen latenter Variablen vor und fokussiert schließlich auf die Faktorenanalyse als den zentralen Baustein für SEM. Zusammen mit dem allgemeinen statistischen Modell der Faktorenanalyse und Aspekten der Identifikation latenter Variablen werden die Varianten EFA (explorative/unrestringierte Faktorenanalyse) und CFA (konfirmatorische/restringierte Faktorenanalyse) vorgestellt und deren Unterschiede herausgearbeitet. Die darauf folgenden Abschnitte erörtern spezifische Eigenschaften von Indikatoren als auch die Bestimmung ihrer Messqualität (Validität und Reliabilität) im Rahmen der Faktorenanalyse. Im Zuge dessen werden nochmals Auswirkungen von Messfehlern sowie die Unterschiede in der Analyse latenter Variablen vs. manifester Variablen (Summenindizes) verdeutlicht.

6.1 Modelle latenter Variablen

Die Literatur kennt mehrere allgemeine Modelle zur Beschreibung des Zusammenhangs zwischen latenten Variablen/Konstrukten (Variablen der „wahren Werte") und Indikatoren (beobachtete Messwerte). Lineare SEM sowie die Faktorenanalyse lassen sich darin auf Basis des **Messniveaus** der untersuchten Variablen einordnen (s. Tabelle 7): lineare SEM gehen in der Modellschätzung von kontinu-

Tabelle 7 Modelle latenter Variablen

		Latente Variablen	
	Messniveau	kontinuierlich/metrisch	kategorial
Indikatoren bzw. endogene Variablen	kontinuierlich/metrisch	Faktorenanalyse (*factor analysis*) bzw. lineare SEM	Latente Profilanalyse (*latent profile analysis*, LPA)
	kategorial	Probabilistische Testtheorie (*item response theory*, IRT)	Latente Klassenanalyse (*latent class analysis*, LCA)

ierlich (metrisch) skalierten Indikatoren bzw. endogenen Variablen sowie kontinuierlichen latenten Variablen aus.

In Stata werden diese weiteren Klassen von Messmodellen im Befehl irt (seit Version 14) sowie LCA und LPA – derzeit – über den eigenständigen Befehl gllamm abgedeckt („generalized linear latent and mixed models", Skrondal & Rabe-Hesketh, 2004). Die genannten Modelle haben zudem ihre Gemeinsamkeit im „**reflektiven**" **Messmodell,** das postuliert (vgl. Skrondal & Rabe-Hesketh, 2004):

- Die Ausprägungen in der latenten Variablen (dem Konstrukt) sind Ursache der beobachteten Indikatoren: sogenannte „Effektindikatoren" (vgl. KTT).
- Indikatoren sind „lokal stochastisch unabhängig", d.h. latente Variablen erklären statistisch die Zusammenhänge zwischen Indikatoren, und ihr Zusammenhang verschwindet bei Kontrolle der latenten Variablen.

Das Gegenstück zum reflektiven Messmodell (z.B. Faktorenanalyse) ist das „**formative**" **Messmodell** in SEM: eine Umkehrung der kausalen Richtung zwischen Indikatoren und Konstrukt (s. Kap. 6.11).

6.2 Faktorenanalyse: Statistisches Modell

Die Methode der Faktorenanalyse ist ein **reflektives Messmodell** latenter Variablen und „Effektindikatoren" (*effect indicators*) (vgl. KTT), d.h. Ausprägungen in den endogenen Indikatoren (y_k) sind Ergebnis von zugrunde liegenden (unmittelbar kausal verantwortlichen) latenten Variablen (ξ_j, klein Xi), was sich in der Richtung der Pfade widerspiegelt (s. Abbildung 14). Vorstellbar ist diese Annahme so,

Abbildung 14 Reflektives Messmodell für einen latenten Faktor

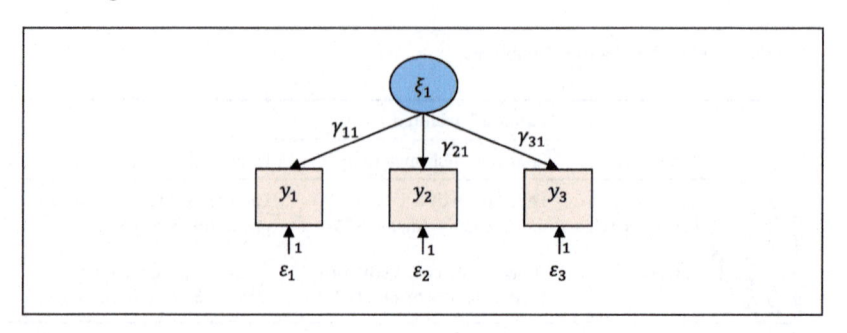

6.2 Faktorenanalyse: Statistisches Modell

dass bspw. latente Einstellungen Ursache von beobachteten (berichteten) sozialen und politischen Werthaltungen oder kognitive Fähigkeiten die Ursache der beobachteten Testleistung etc. sind.
Für ein 1-Faktor-Messmodell der latenten Variablen ξ_1 mit drei Indikatoren kann man die folgenden Gleichungen schreiben. Darin wird sichtbar, dass sich die Indikatoren eine gemeinsame Ursache bzw. den gemeinsamen Faktor (*common factor model*) ξ_1 teilen. Die Stärke dieses Zusammenhangs wird über die sogenannte **Faktorladung** γ (= Regression auf den Faktor) dargestellt:

$$y_1 = \alpha_1 + \gamma_{11}\xi_1 + \varepsilon_1$$

$$y_2 = \alpha_2 + \gamma_{21}\xi_1 + \varepsilon_2$$

$$y_3 = \alpha_3 + \gamma_{31}\xi_1 + \varepsilon_3$$

Faktorladungen sind prinzipiell ident zu „gewöhnlichen" Regressionskoeffizienten zu interpretieren. Dabei muss allerdings die besondere, nämlich an sich arbiträre Metrik latenter Variablen berücksichtigt werden (s. dazu ausführlicher Kap. 6.3). Die Stärke der **Faktorladung** kann ebenfalls **standardisiert** angegeben werden ($\tilde{\gamma}$), d.h. mit Werten zwischen –1 und +1, wobei gilt (s. Kap. 3.7):

$$\tilde{\gamma} = \gamma\sqrt{\frac{\phi}{\sigma}} = \gamma\sqrt{\frac{\widehat{\mathrm{Var}}(\xi)}{\widehat{\mathrm{Var}}(y)}}$$

Im Unterschied zur KTT wird im Folgenden das Symbol ε (klein Epsilon) für Residualvariablen der Indikatoren verwendet (in Stata generell: e.*varname*). Der Grund ist, dass diese Art von Variablen im Unterschied zur KTT (1.) die sogenannte „**spezifische Indikatorvarianz**" s_k (*uniqueness*), d.h. jene Variation der Messung die mit den spezifischen Eigenschaften des jeweiligen Indikators zusammenhängt (z.B. spezifische inhaltliche Dimension oder konkreter Frageinhalt), und (2.) **Zufallsmessfehler** e_k zusammen vereint (s. Gerbing & Anderson, 1984, S. 573). Dieser Zusammenhang kann auch allgemeiner formuliert werden als:

$$y_k = \alpha_k + \gamma_{kj}\xi_j + (s_k + e_k)$$

wobei

$$\mathrm{Cov}(\xi_j, \varepsilon_k) = \mathrm{Cov}(\xi_j, s_k) = \mathrm{Cov}(\varepsilon_k, s_k) = 0$$

Diese beiden Elemente eines Indikators lassen sich per se nicht trennen, es sei denn es erfolgt eine wiederholte Messung mit Längsschnittdaten (bzw. Panel-Daten) mit der wiederum die spezifische Indikatorvarianz, d.h. die Eigenheit eines Messinstruments, von zufälligen Messfehlern isoliert werden kann (vgl. Raykov & Marcoulides, 2016).

Allgemeiner lässt sich der Zusammenhang zwischen Indikatoren und Faktoren in der **Faktorenanalyse** mittels Matrixschreibweise darstellen als:

$$Y = \alpha + \Gamma\xi + \zeta$$

Alle Residuen haben den Erwartungswert 0 und für gewöhnlich wird in der Faktorenanalyse angenommen, dass exogene Variablen, nämlich Faktoren und Residuen sowie die Residuen untereinander unkorreliert (orthogonal) sind, d.h.:

$$E(\varepsilon_k) = 0 \text{ sowie } \text{Cov}(\xi_j, \varepsilon_k) = \text{Cov}(\varepsilon_k, \varepsilon_k) = 0 \text{ für } \varepsilon_k \neq \varepsilon_{k'}$$

oder auch

$$E(\zeta) = 0 \text{ sowie } \text{Cov}(\xi, \zeta) = \text{Cov}(\zeta, \zeta) = 0$$

Alle anderen exogenen Variablen, d.h. hier die latenten Faktoren ξ_j, werden defaultmäßig als korreliert angenommen.

Die **Konstanten** (*item intercepts*) α_k in Matrix α lassen sich als geschätzter Wert des Indikators interpretieren, wenn latente Variablen ξ_j den Wert 0 aufweisen. Da latente Variablen jedoch keine natürliche Messeinheit bzw. Skalierung aufweisen, ist der Wert 0 grundsätzlich ident zum angenommenen Mittelwert (κ_j) einer latenten Variablen, d.h. es gilt, dass $\kappa_j = 0$ (s. Kap. 6.3). Daher folgt aus der allgemeinen **Mittelwertstruktur** in SEM (s. Kap. 4.4), dass die Konstante schlichtweg dem geschätzten Mittelwert des Indikators entspricht:

$$E(y_k) = \alpha_k$$

Die Konstanten sind – außer in Längsschnittstudien oder Gruppenvergleichen – meist nicht von direktem Interesse. Daher kann deren Ausgabe auch mit der Option sem paths ..., nomeans unterdrückt werden.

Ein 1-Faktor-Messmodell (s. Abbildung 14) lässt sich nun mittels des sem Befehls wie folgt spezifizieren:

```
sem (Xi1 -> y1 y2 y3)
```

6.2 Faktorenanalyse: Statistisches Modell

oder ausführlicher:

```
sem (Xi1 -> y1 y2 y3), latent(Xi1)
```

Defaultmäßig nimmt Stata an, dass **latente Variablen** mit **Großbuchstaben** beginnen. Diese Zuordnung kann mit der Option `sem paths ...`, `latent( )` auch explizit spezifiziert werden oder mit der Option `sem paths ...`, `nocapslatent` aufgehoben werden.

Nach dem `sem` Befehl lassen sich die Modellparameter, d. h. das Muster der Faktorladungen in Matrix Γ (oder auch für endogene Faktoren B), ausgeben über:

```
estat framework, standardized
```

Für das 1-Faktor-Messmodell ist die Spezifikation über den `sem` Befehl gleichbedeutend mit dem sonst üblichen Befehl für Faktorenanalysen mit ML-Schätzung in Stata, allerdings ohne die Ausgabe von Standardfehlern der Faktorladungen und ohne die Möglichkeit weiterer oder alternativer Modellspezifikationen (vgl. Asparouhov & Muthén, 2009):

```
factor y1 y2 y3, ml factors(1)
```

Nicht zu verwechseln ist die Faktorenanalyse hingegen mit der Hauptkomponentenanalyse (**PCA**, *principal component analysis*), die kein Sonderfall von SEM ist und daher nicht der Modellfamilie der Faktorenanalyse (*common factor model*) angehört. In der PCA-Methode werden Messfehler (Residuen) im Modell nicht berücksichtigt. Sie dient primär der Datenreduktion bzw. Reduktion der Variablenzahl, anstatt der Darstellung und Berücksichtigung latenter Variablen in der Analyse von Zusammenhängen. PCA und Faktorenanalyse führen demnach nicht zu vergleichbaren Ergebnissen (s. Widaman, 2012, S. 376). Die PCA ähnelt eher dem formativen Messmodell (s. Kap. 6.11), da die Komponenten eine gewichtete **Linearkombination** der Indikatoren sind (Summenindex), d. h. Indikatoren konstituieren die gemeinsame „Komponente" und nicht umgekehrt.

In dem folgenden fiktiven **Analysebeispiel** werden nun die zwei Varianten der Spezifikation eines 1-Faktor-Messmodells in Stata, nämlich eine Maximum-Likelihood (ML) Schätzung mittels `sem` Befehl und `factor` Befehl, im Output verglichen (s. Beispiel 13). Wie zu sehen ist, liefern die beiden Alternativen substanziell dieselben Ergebnisse hinsichtlich der Modellparameter: Die standardisierten Faktorladungen zeigen jeweils die relative Stärke des Zusammenhangs des jeweiligen Indikators (hier: „y1" bis „y4") mit dem gemeinsamen zugrunde liegenden latenten Faktor, zusätzlich deren Inferenzstatistiken (nur mit dem `sem` Befehl)

6 Faktorenanalyse: Messmodell latenter Variablen in SEM

Beispiel 13 Varianten der Spezifikation eines 1-Faktor-Messmodells (fiktive Daten)

```
. sem (Xi1 -> y1 y2 y3 y4), standardized cformat(%5.4f) nomeans noheader no-
describe

Fitting target model:

Iteration 0:   log likelihood = -2331.4802
Iteration 1:   log likelihood = -2330.8313
Iteration 2:   log likelihood = -2330.8252
Iteration 3:   log likelihood = -2330.8252
 ( 1)  [y1]Xi1 = 1
------------------------------------------------------------------------------
             |                 OIM
Standardized |    Coef.    Std. Err.     z     P>|z|    [95% Conf. Interval]
-------------+----------------------------------------------------------------
Measurement  |
  y1 <-      |
         Xi1 |   0.5539    0.0373    14.86    0.000     0.4808       0.6270
-------------+----------------------------------------------------------------
  y2 <-      |
         Xi1 |   0.7851    0.0273    28.79    0.000     0.7317       0.8386
-------------+----------------------------------------------------------------
  y3 <-      |
         Xi1 |   0.6996    0.0307    22.77    0.000     0.6394       0.7598
-------------+----------------------------------------------------------------
  y4 <-      |
         Xi1 |   0.7304    0.0291    25.14    0.000     0.6735       0.7874
-------------+----------------------------------------------------------------
    var(e.y1)|   0.6932    0.0413                       0.6168       0.7790
    var(e.y2)|   0.3835    0.0428                       0.3082       0.4774
    var(e.y3)|   0.5106    0.0430                       0.4329       0.6022
    var(e.y4)|   0.4665    0.0424                       0.3903       0.5575
     var(Xi1)|   1.0000       .                            .            .
------------------------------------------------------------------------------
LR test of model vs. saturated: chi2(2)    =       4.66, Prob > chi2 = 0.0971
```

6.2 Faktorenanalyse: Statistisches Modell

Beispiel 13 (Fortsetzung)

```
. factor y1 y2 y3 y4, ml factors(1)
(obs=500)
Iteration 0:    log likelihood = -20.339137
Iteration 1:    log likelihood = -2.3571026
Iteration 2:    log likelihood = -2.3320367
Iteration 3:    log likelihood = -2.3317353
Iteration 4:    log likelihood = -2.3317317
Factor analysis/correlation              Number of obs    =      500
    Method: maximum likelihood           Retained factors =        1
    Rotation: (unrotated)                Number of params =        4
                                         Schwarz's BIC    =  29.5219
    Log likelihood = -2.331732           (Akaike's) AIC   =  12.6635

    --------------------------------------------------------------
        Factor  |   Eigenvalue   Difference    Proportion   Cumulative
    --------------+-----------------------------------------------
        Factor1  |     1.94622          .         1.0000       1.0000
    --------------------------------------------------------------
    LR test: independent vs. saturated:  chi2(6)  =  562.27 Prob>chi2 = 0.0000
    LR test:            1 factor vs. saturated:  chi2(2)  =    4.64 Prob>chi2 = 0.0984
Factor loadings (pattern matrix) and unique variances

    ---------------------------------------
        Variable |  Factor1  |   Uniqueness
    -------------+-----------+---------------
            y1   |   0.5539  |     0.6932
            y2   |   0.7851  |     0.3835
            y3   |   0.6996  |     0.5106
            y4   |   0.7304  |     0.4665
    ---------------------------------------
```

sowie den nicht erklärten Varianzanteil bzw. das Residuum des jeweiligen Indikators (*uniqueness*). Letzterer Wert (die *uniqueness*) stellt somit das Gegenstück zur durch den Faktor erklärten Varianz bzw. zur Reliabilität des Indikators dar (s. dazu ausführlicher Kap. 6.5 und 6.10).

Unter der Koeffiziententabelle findet sich schließlich der allgemeine Modelltest („LR test", ein Likelihood-Ratio-Test bzw. χ^2-Test), der den Grad der Modell-Daten-Diskrepanz prüft (s. Kap. 8.1 und 9.1) und liefert die (annähernd identen) Werte: $\chi^2_{(2)}$ = 4.66 mit p = .097 bzw. $\chi^2_{(2)}$ = 4.64 mit p = .098. Die für SEM typische Nullhypothese, die besagt, dass das unterstellte Modell – hier: ein einzelner gemeinsamer Faktor kann die Kovarianz der Indikatoren hinreichend erklären – mit den empirischen Daten übereinstimmt, ist dem χ^2-Test bzw. dem p-Wert zufolge nach konventionellen Kriterien beizubehalten (da $p \geq .05$) und wird somit akzeptiert.

6.3 Identifikation latenter Variablen in der Faktorenanalyse

Ein zentraler Aspekt der **Berücksichtigung latenter Variablen** in einem Modell ist die Bestimmung der Messeinheiten (Skalierung) der latenten Variablen und somit die **Identifikation** des Modells insgesamt (s. dazu ausführlicher Kap. 8.4). Wie kann also eine latente Variable überhaupt identifiziert werden? Es erscheint einleuchtend, dass theoretische Konstrukte bzw. latente Variablen (Xenophobie, Intelligenz, Persönlichkeit etc.) keine natürliche Messeinheit haben, ihre Skalierung somit immer arbiträr (beliebig) ist. Messwerte der Intelligenz (genauer der Intelligenzquotient, IQ) werden bspw. mit einem Mittelwert von 100 und einer Standardabweichung von 15 normiert. Es gibt jedoch auch andere häufig verwendete Normierungen (auch „Testeichung" genannt), wie z. B. die **z-Standardisierung** (Variable $\tilde{x}$ mit $E(\tilde{x}) = 0$ und $Var(\tilde{x}) = 1$).

Die gängige Option in SEM, die defaultmäßig in Stata verwendet wird, ist einerseits, dass der **Mittelwert latenter Variablen** auf den Wert 0 fixiert wird. Zur Bestimmung der Messeinheiten (**Skalierung**) gibt es prinzipiell zwei Optionen bzw. mögliche **Restriktionen**, die in Stata über das Symbol @ dargestellt werden (s. dazu auch Kap. 8.5):

1. Option: Restriktion der **Faktorladung** $\gamma_{kj} = 1$ für einen Indikator von ξ_j.
Diese Variante der Identifikation, nämlich $\gamma_{kj} = 1$ für den ersten Indikator in einer Liste von Variablen im sem Befehl, wird in Stata defaultmäßig für CFA/SEM verwendet. Die Varianz des latenten Faktors wird somit relativ zum ersten Indikator (als sogenannte „Ankervariable") interpretiert. Sofern keine anderen **Restriktionen** für latente oder manifeste Variablen vorgegeben werden, bedeutet die Default-Einstellung:

```
sem (Xi -> y1@1 y2 yK)
```

2. Option: Restriktion der **Varianz** $\widehat{Var}(\xi_j) = \phi_{jj} = 1$ bzw. eine z-Standardisierung der latenten Variablen. Diese Restriktion wird standardmäßig in der EFA verwendet. In Stata ließe sich die erstgenannte Option der Skalierung ersetzen und stattdessen spezifizieren:

```
sem (Xi -> y1 y2 yK), var(Xi@1)
```

bzw. alternativ bei endogenen latenten Variablen über die Residualvarianz $\psi_{jj} = 1$:

```
sem (x -> Eta) (Eta -> y1 y2 yK), var(e.Eta@1)
```

Tabelle 8 Zahl der Indikatoren und Identifikation im 1-Faktor-Messmodell

K	t	Param.	d.f.	Identifikation	Anmerkungen
1	1	2	−1	Nie identifiziert	Außer: Var(ε) = 0 bzw. ρ_y = 1
2	3	4	−1	Nie identifiziert	Außer: $\gamma_1 = \gamma_2$ oder $\varepsilon_1 = \varepsilon_2$, dann d.f. = 0
3	6	6	0	Gerade identifiziert	Kein Modelltest H$_0$: $\Sigma = \Sigma(\theta)$ möglich
4	10	8	2	Überidentifiziert	Modelltest H$_0$: $\Sigma = \Sigma(\theta)$ möglich

(*Anm.*: K = *Zahl der Indikatoren*, t = *empirische Informationen*, *Param.* = *zu schätzende Parameter im Modell*, *d.f.* = *Freiheitsgrade*)

Wie viele Indikatoren werden nun generell für die Identifikation eines latenten Faktors benötigt und wann kann ein 1-Faktor-Messmodell im Sinne der **allgemeinen Modellprüfung** in SEM (s. dazu ausführlicher Kap. 8.1) getestet werden (s. Tabelle 8)?

Wie bereits erwähnt, ist das 1-Faktor-Messmodell mit nur einem Indikator (= Modell der KTT) nie identifiziert (*not identified*), es sei denn, wir nehmen an, dass Var(ε) = 0 bzw. dessen Reliabilität ρ_y = 1, womit latente Variable und Indikator ident sind. Das 1-Faktor-Messmodell mit zwei Indikatoren ist nicht identifiziert, da *d.f.* = −1. Das Modell wäre „gerade identifiziert" (*just identified*), wenn weitere Restriktionen eingebaut werden (s. Tabelle 8). Das 1-Faktor-Messmodell mit drei Indikatoren ist gerade identifiziert bzw. es gilt, dass *d.f.* = 0. Dadurch werden bspw. die empirischen Korrelationen zwischen Indikatoren exakt aus dem Produkt der standardisierten Faktorladungen reproduziert, d.h. Cor(y_k, $y_{k'}$) = $\tilde{\gamma}_k\tilde{\gamma}_{k'}$. Erst das reflektive 1-Faktor-Messmodell bei $K \geq 4$ Indikatoren ist statistisch überidentifiziert (*overidentified*) mit *d.f.* > 0 und kann somit auch im Sinne der allgemeinen H$_0$: $\Sigma = \Sigma(\theta)$ in SEM getestet werden (s. Kap. 8.1).

6.4 Varianten der Faktorenanalyse: EFA und CFA in Stata

Werden nun mehrere Faktoren (latente Variablen, Konstrukte) betrachtet, geben die Varianten der Faktorenanalyse Auskunft darüber, welche Annahmen über die Zuordnung von Indikatoren zu Konstrukten getroffen wurden (vgl. Brown, 2006; Widaman, 2012). Eine zentrale Rolle spielt dabei das **Muster der Faktorladungen**.

Die **explorative/unrestringierte Faktorenanalyse** (EFA, *exploratory factor analysis*) besagt, dass Indikatoren potenziell mehrere Konstrukte messen und auch alle Zusammenhänge erfasst werden sollen. In der EFA werden somit **alle Faktorladungen** frei geschätzt. Zur Identifikation und Interpretation des Musters der Faktorladungen in der EFA wird ein sogenanntes Rotationskriterium benötigt, das die Struktur der Faktorladungen nach bestimmten Kriterien möglichst „einfach interpretierbar" wiedergibt (Sass & Schmitt, 2010). In Bezug auf die Zahl manifester Variablen bzw. Indikatoren (K) und der Zahl möglicher Faktoren (J) in der EFA gilt als hinreichende Bedingung die Identifikationsregel (s. Brown, 2006, S. 24):

Zahl der Modellparameter ≤ Zahl der Informationen

$$KJ + \frac{J(J + 1)}{2} + K - J^2 \leq \frac{K(K + 1)}{2}$$

Die **konfirmatorische/restringierte Faktorenanalyse** (CFA, *confirmatory factor analysis*) bildet im Unterschied dazu a priori Hypothesen über die Zuordnung von Indikatoren zu Faktoren ab und ist somit ein stärker hypothesentestendes Verfahren. In der CFA werden daher **Faktorladungen a priori restringiert**, d. h. üblicherweise auf 0 gesetzt (= kein Zusammenhang angenommen) (Jöreskog, 1969). Zur Identifikation der CFA sind bei J Faktoren zumindest J^2 Restriktionen nötig. Gemeint sind damit restringierte Faktorladungen, Faktorvarianzen oder Faktorkovarianzen (s. zur Identifikation weiter unten).

Basierend auf dem allgemeinen Modell der Faktorenanalyse schreibt man:

$$Y = \alpha + \Gamma\xi + \zeta$$

Ein 2-Faktoren-Messmodell mit sechs Indikatoren und ML-Schätzung könnte daher in den beiden Varianten EFA und CFA wie folgt aussehen (s. Tabelle 9).

Im genannten Beispiel (s. Tabelle 9) weist das EFA-Modell die folgende Zahl an Freiheitsgraden ($d.f.$) auf:

$$d.f. = \left[KJ + \frac{J(J + 1)}{2} + K - J^2\right] - \left[\frac{K(K + 1)}{2}\right] = 21 - 17 = 4$$

Um die hinreichende Zahl an **Restriktionen** für die CFA zu erfüllen ($J^2 = 4$), müsste zumindest die Skalierung der beiden latenten Variablen festgesetzt werden (Varianz = 1 oder eine Faktorladung = 1) und bspw. jeweils eine Kreuzladung auf den anderen Faktor restringiert (auf 0 gesetzt) werden (dann $d.f. = 4$). Das gezeigte CFA-Modell (s. Tabelle 9) besitzt hingegen den Wert $d.f. = 21 - 13 = 8$.

6.4 Varianten der Faktorenanalyse: EFA und CFA in Stata

Tabelle 9 Vergleich der Varianten EFA und CFA in Stata (2-Faktoren-Messmodell)

	EFA	CFA
Pfaddiagramm		
Gleichungen	$\begin{bmatrix} y_1 \\ y_2 \\ y_3 \\ y_4 \\ y_5 \\ y_6 \end{bmatrix} = \begin{bmatrix} \alpha_1 \\ \alpha_2 \\ \alpha_3 \\ \alpha_4 \\ \alpha_5 \\ \alpha_6 \end{bmatrix} + \begin{bmatrix} \gamma_{11} & \gamma_{12} \\ \gamma_{21} & \gamma_{22} \\ \gamma_{31} & \gamma_{32} \\ \gamma_{41} & \gamma_{42} \\ \gamma_{51} & \gamma_{52} \\ \gamma_{61} & \gamma_{62} \end{bmatrix} \begin{bmatrix} \xi_1 \\ \xi_2 \end{bmatrix} + \begin{bmatrix} \varepsilon_1 \\ \varepsilon_2 \\ \varepsilon_3 \\ \varepsilon_4 \\ \varepsilon_5 \\ \varepsilon_6 \end{bmatrix}$	$\begin{bmatrix} y_1 \\ y_2 \\ y_3 \\ y_4 \\ y_5 \\ y_6 \end{bmatrix} = \begin{bmatrix} \alpha_1 \\ \alpha_2 \\ \alpha_3 \\ \alpha_4 \\ \alpha_5 \\ \alpha_6 \end{bmatrix} + \begin{bmatrix} \gamma_{11} & 0 \\ \gamma_{21} & 0 \\ \gamma_{31} & 0 \\ 0 & \gamma_{42} \\ 0 & \gamma_{52} \\ 0 & \gamma_{62} \end{bmatrix} \begin{bmatrix} \xi_1 \\ \xi_2 \end{bmatrix} + \begin{bmatrix} \varepsilon_1 \\ \varepsilon_2 \\ \varepsilon_3 \\ \varepsilon_4 \\ \varepsilon_5 \\ \varepsilon_6 \end{bmatrix}$

Befehle	`factor y1-y6, ml ///`
	`factors(2)`
	`rotate [, options]`
		`sem (Xi1 -> y1-y3) ///`
		`(Xi2 -> y4-y6), ///`
		`standardized method(ml)`

Wird bspw. theoretisch angenommen, dass zwei Faktoren (hier: ξ_1 und ξ_2) unkorreliert sind (bzw. orthogonal sind) oder ist diese Annahme für die Modellidentifikation notwendig, müsste dies explizit spezifiziert werden. Ein typisches Vorgehen in der konfirmatorischen Faktorenanalyse (CFA) ist das Einführen und auch das Vergleichen unterschiedlicher **Restriktionen** dieser Art (vgl. Brown, 2006) und erfolgt in Stata über das Symbol @ und die Option:

`sem paths ..., latent(Xi1 Xi2) cov(Xi1*Xi2@0)`

Eine Alternative Formulierung in der Kommandosprache hierzu ist die Angabe einer restringierten Kovarianzstruktur der latenten exogenen Faktoren (in Stata: _LEx) bzw. soll der eben genannten Restriktion zufolge die Kovarianzmatrix exogener Variablen ϕ (klein Phi) eine Diagonalmatrix sein, d.h. alle Kovarianzen sollen 0 (diagonal) sein:

`sem paths ..., covstructure(_LEx, diagonal)`

Diese Annahme ist bspw. ident zu orthogonalen Rotationen (z. B. Varimax) in der EFA:

`rotate, varimax`

6.5 Exkurs: Varianz-Kovarianz-Struktur der Faktorenanalyse

In der Faktorenanalyse (EFA und CFA) gilt für die **modellimplizierte Kovarianzmatrix** endogener Variablen in der Matrixschreibweise (vgl. Jöreskog, 1969):

$$\Sigma_Y(\theta) = \Gamma \Phi \Gamma' + \Psi$$

Das Modell der Faktorenanalyse besagt allgemein: Die modellimplizierte (geschätzte) Indikatorvarianz σ_{kk} ist darstellbar aus der Zerlegung in die durch quadrierte Faktorladungen γ gewichteten Faktorvarianzen ϕ_{jj} und der Varianz des Residuums ψ_{kk} (bzw. der spezifischen Indikatorvarianz). Die **allgemeine Formel** der modellimplizierten Varianz (σ) eines eindimensionalen **Indikators** bzw. dessen Varianzerlegung lautet daher (ohne Subskripte):

$$\sigma = \gamma^2 \phi + \psi$$

Für den Fall standardisierter Parameter ($\tilde{\phi} = 1$ und $\tilde{\sigma} = 1$ und daher $\tilde{\gamma}$) erhält man damit zwei komplementäre Elemente als **Anteile der Gesamtvarianz** eines Indikators y, die jeweils geteilte und eigene Varianz (*uniqueness*):

$$1 = \tilde{\gamma}^2 + \tilde{\psi}$$

1 = [Anteil erklärter (Faktor)Varianz] + [Anteil nicht erklärter (Residual)Varianz]

Modellimplizierte Indikatorkovarianzen $\sigma_{kk'}$ sind über den Zusammenhang mit einem oder mehreren ihnen gemeinsam zugrunde liegenden Faktor(en) darstellbar (*common factor model*), über eine mögliche Faktorkovarianz $\phi_{jj'}$ und zusätzlich – sofern dies spezifiziert wurde (s. Kap. 6.7) – auch über gemeinsame Residuenkovarianzen $\psi_{kk'}$.

Die Gleichungen für ein arbiträres CFA-Modell mit vier Indikatoren und zwei Faktoren (defaultmäßig ohne Residuenkovarianzen) bei $d.f. = 1$ lauten daher z. B.:

$$\begin{bmatrix} y_1 \\ y_2 \\ y_3 \\ y_4 \end{bmatrix} = \begin{bmatrix} \alpha_1 \\ \alpha_2 \\ \alpha_3 \\ \alpha_4 \end{bmatrix} + \begin{bmatrix} \gamma_{11} & 0 \\ \gamma_{21} & 0 \\ 0 & \gamma_{32} \\ 0 & \gamma_{42} \end{bmatrix} \begin{bmatrix} \xi_1 \\ \xi_2 \end{bmatrix} + \begin{bmatrix} \varepsilon_1 \\ \varepsilon_2 \\ \varepsilon_3 \\ \varepsilon_4 \end{bmatrix}$$

$$\Sigma_Y(\theta) = \Gamma \Phi \Gamma' + \Psi = \begin{bmatrix} \sigma_{11} & \sigma_{12} & \sigma_{13} & \sigma_{14} \\ \sigma_{21} & \sigma_{22} & \sigma_{23} & \sigma_{24} \\ \sigma_{31} & \sigma_{32} & \sigma_{33} & \sigma_{34} \\ \sigma_{41} & \sigma_{42} & \sigma_{43} & \sigma_{44} \end{bmatrix} =$$

$$\begin{bmatrix} \gamma_{11} & 0 \\ \gamma_{21} & 0 \\ 0 & \gamma_{32} \\ 0 & \gamma_{42} \end{bmatrix} \begin{bmatrix} \phi_{11} & \phi_{12} \\ \phi_{12} & \phi_{22} \end{bmatrix} \begin{bmatrix} \gamma_{11} & \gamma_{21} & 0 & 0 \\ 0 & 0 & \gamma_{32} & \gamma_{42} \end{bmatrix} + \begin{bmatrix} \psi_{11} & 0 & 0 & 0 \\ 0 & \psi_{22} & 0 & 0 \\ 0 & 0 & \psi_{33} & 0 \\ 0 & 0 & 0 & \psi_{44} \end{bmatrix}$$

So ergibt sich bspw. die geschätzte Varianz für y_2 aus:

$$\widehat{Var}(y_2) = \sigma_{22} = \gamma_{21}^2 \widehat{Var}(\xi_1) + \widehat{Var}(\varepsilon_2) = \gamma_{21}^2 \phi_{11} + \psi_{22}$$

Die geschätzte Kovarianz zwischen y_1 und y_4 ergibt sich bspw. aus:

$$\widehat{Cov}(y_1, y_4) = \sigma_{14} = \gamma_{11} \widehat{Cov}(\xi_1, \xi_2) \gamma_{42} = \gamma_{11} \phi_{12} \gamma_{42}$$

Am Rande sei angemerkt, dass in der EFA die gleichen Formeln zur Bestimmung der modellimplizierten Kovarianzmatrix der Indikatoren gelten. Je nach Rotationsverfahren erhält man zwar unterschiedliche Faktorladungen (Γ^*) sowie unterschiedliche Faktorkovarianzen (Korrelationen), allerdings müssen sich diese beiden Parameter gewissermaßen in Summe ausbalancieren. Ein EFA-Modell weist daher (bei gleicher Zahl an Faktoren) unabhängig vom Rotationsverfahren die exakt gleiche Anpassung an die empirischen Daten auf (vgl. Sass & Schmitt, 2010).

6.6 Indikatoren: Messeigenschaften, Zahl und Dimensionalität

Die Wahl zwischen EFA und CFA hängt schließlich mit dem analytischen Zugang zusammen (vgl. Brown, 2006), nämlich dem Übergang von einem **strukturprüfenden** (bzw. unrestringierten) hin zu einem stark **strukturtestenden** Verfahren mit a priori Restriktionen. In der EFA werden zunächst Indikatoren explorativ mit hohen „**Primärladungen**" (*primary loadings*) von rund $\tilde{\gamma} > .50$ und geringen oder keinen „**Kreuzladungen**" (*cross-loadings*) gesucht. In der CFA erfolgt, wie erwähnt wurde, eine bewusste Zuordnung von Indikatoren zu Faktoren, ergänzt um die Annahme, dass direkte Zusammenhänge mit anderen Faktoren üblicherweise 0 sind, d.h. keine Kreuzladungen existieren. Die CFA wird daher auch *independent clusters* (*of items*) *model* oder ICM-CFA genannt (vgl. Asparouhov & Muthén, 2009).

Mit der **Zahl der Indikatoren** und **Faktoren** in einem Modell steigt jedoch die Wahrscheinlichkeit, dass ein Indikator nicht ein Konstrukt allein perfekt homogen abbildet, sondern dass de facto **Kreuzladungen** existieren. Selbst geringe, aber nicht spezifizierte Kreuzladungen (von rund $|\tilde{\gamma}| \geq .13$) könnten jedoch bereits Auswirkungen auf das gesamte SEM und dessen Parameter haben (Hsu et al., 2014). Diese Ladungen auf 0 zu restringieren könnte also zu einer Fehlspezifikation führen. Wenngleich als Grundsatz für die Messung theoretischer Konstrukte mittels Indikatoren gilt „mehr ist besser" (s. Little et al., 2002, S. 157), sollte also im Sinne der **Modellsparsamkeit** abgewogen werden, wie viele Indikatoren in ein CFA/SEM-Modell tatsächlich aufgenommen werden und ob die ICM-CFA-Annahme haltbar ist.

Messmodellen in der CFA liegt also für gewöhnlich die Annahme zugrunde, dass eine Reihe von Indikatoren y_k jeweils nur eine latente Variable (ein Konstrukt) misst. Zudem lassen sich noch spezielle **Arten von Messmodellen** bzw. Arten von Indikatoren (auch einzelne „Tests" genannt) in der Faktorenanalyse unterscheiden. Während das Modell oben das allgemeinste Modell beschreibt, auch „kongenerisches" Messmodell genannt, gibt es weitere Arten (s. Tabelle 10). Diese werden über die Ähnlichkeit der „Messeigenschaften" der Indikatoren bzw. über idente (restringierte) Messparameter definiert (s. dazu auch Kap. 8.5).

Das essenziell tau-äquivalente Messmodell unterstellt idente Faktorladungen, d. h. dieselbe Messeinheit und denselben Varianzanteil der latenten Variablen. Die Annahme eines essenziell tau-äquivalenten Messmodells liegt implizit der Berech-

Tabelle 10 Arten von Messmodellen bzw. Indikatoren

Indikatoren			
kongenerisch	Parameter	$\gamma_{11} \neq \gamma_{21} \neq \gamma_{kj}$ und $\alpha_1 \neq \alpha_2 \neq \alpha_k$ und $\psi_{11} \neq \psi_{22} \neq \psi_{kk}$	
	Befehl	`sem (Xi -> y1-yK)`	
essenziell tau-äquivalent	Parameter	$\gamma_{11} = \gamma_{21} = \gamma_{kj}$ aber $\alpha_1 \neq \alpha_2 \neq \alpha_k$ und $\psi_{11} \neq \psi_{22} \neq \psi_{kk}$	

	Befehl	`sem (Xi -> y1-yK@1)`
		oder
		`sem (Xi -> y1-yK@L), var(Xi@1)`	

parallel	Parameter	$\gamma_{11} = \gamma_{21} = \gamma_{kj}$ und $\alpha_1 = \alpha_2 = \alpha_k$ und $\psi_{11} = \psi_{22} = \psi_{kk}$	

	Befehl	`sem ///`
		`(_cons@A Xi -> y1) ///`
		`(_cons@A Xi -> y2) ///`
		`(_cons@A Xi -> yK) ///`
		`(Xi -> y1-yK@1), var(e.y1@P e.y2@P e.yK@P)`	

nung von **Alpha** nach Cronbach (1951) zugrunde, jedoch wird diese Annahme in der Praxis selten getestet (s. dazu ausführlicher Kap. 6.10). Das äußerst strikte parallele Messmodell sieht Indikatoren mit identer Messeinheit, Präzision und Fehleranfälligkeit (Residualvarianz) vor. Indikatoren dieser Art sind daher de facto austauschbar bzw. messen das Konstrukt mit identer Messgenauigkeit. Einen ersten Hinweis auf mögliche Gleichheit der Parameter liefert bspw. der Vergleich der Konfidenzintervalle im Output. Exakte Auskunft geben Modellvergleiche mit verschiedenem Grad an Parameterrestriktionen (s. Kap. 9.3).

6.7 Qualität der Indikatoren: Konvergente und diskriminante Validität

Ein zentrales Kriterium für einzelne Messinstrumente (Indikatoren) ist neben der Reliabilität (s. Kap. 6.10) deren **Validität**, also vereinfacht ausgedrückt, ob und wie gut das zu messende Merkmal tatsächlich erfasst wird (s. dazu ausführlicher Borsboom et al., 2004). Unterschiedliche Aspekte der Überprüfung dieses Kriteriums sind die **Inhaltsvalidität**, d. h. ob der zu messende Merkmalsbereich durch das Erhebungsinstrument hinreichend genau repräsentiert wird, sowie die **Kriteriumsvalidität**, d. h. Korrelationen des Instruments mit theoretisch erwartbaren Außenkriterien bzw. dessen potenzielle Vorhersagekraft (vgl. Rammstedt, 2010). Eine weitere Sichtweise fokussiert auf die **Konstruktvalidität** und damit unter anderem auf Methoden ihrer Prüfung im Rahmen von SEM.

Ein Gütekriterium für eine Auswahl an Indikatoren ist etwa eine Maßzahl darüber, wie gut eine latente Variable (Konstrukt) ξ_j mit ihren Indikatoren y_k insgesamt zusammenhängt (= Konvergenz). Dazu müssen die Indikatoren eindimensional (homogen) sein. Nach Fornell und Larcker (1981) kann dies über die **durchschnittlich erfasste Varianz** (AVE, *average variance extracted*) ausgedrückt werden, die Werte zwischen 0 und 1 (= maximale Konvergenz) annehmen kann. Auf Basis des Anteils der mit dem Faktor geteilten Varianz ($\gamma^2\phi$) im Zähler und der Gesamtvarianz für jeden Indikator im Nenner ($\gamma^2\phi + \psi$) besagt das Maß:

$$\text{AVE}_{\xi_j} = \frac{\sum \left(\gamma_{kj}^2 \phi_{jj}\right)}{\sum \left(\gamma_{kj}^2 \phi_{jj}\right) + \sum \psi_{kk}}$$

Dieser Wert wird oftmals für sich stehend berichtet und sollte laut Fornell und Larcker (1981, S. 46) zumindest $\geq .50$ sein (Kriterium 1): dies deutet auf die gesuchte **konvergente Validität** der Indikatoren hin. Entscheidender ist jedoch darüber hinaus ein weiteres von Fornell und Larcker (1981) definiertes Kriterium (**Fornell-Larcker-Kriterium**): Der Wert der durchschnittlich erfassten Varianz in den Indikatoren durch das Konstrukt ξ_j sollte größer sein als die quadrierte Korrelation ($\tilde{\phi}^2$) dieses Konstrukts mit einem anderen Konstrukt $\xi_{j'}$ im Modell (Kriterium 2):

$$AVE_{\xi_j} > \tilde{\phi}^2_{jj'} \text{ für } \xi_j \neq \xi_{j'}$$

Dies würde auf **diskriminante Validität** bzw. eine differenzierbare Messung der Indikatoren gegenüber anderen Konstrukten hindeuten. Ein in Stata verfügbarer Befehl (Zusatzpaket) erleichtert die Berechnung beider Kriterien (Mehmetoglu, 2015a), wobei zur korrekten Berechnung darauf zu achten ist, dass alle Faktorladungen dasselbe **Vorzeichen** aufweisen:

```
condisc
```

In der Ausgabe wird *AVE* sowie die quadrierten Korrelationen der Faktoren berichtet und damit, ob jeweils Kriterium 1 und/oder Kriterium 2 erfüllt ist oder nicht.

Eine erweiterte Prüfung der Konstruktvalidität bzw. konvergenter und diskriminanter Validität wäre außerdem mithilfe mehrerer **Messmethoden** möglich, wobei mehrere zu messende Merkmale bzw. Konstrukte jeweils mit mehreren, aber jeweils identen Messmethoden gemessen werden. So sollen **Methodeneffekte** (*method bias*) von der angestrebten validen Merkmalsmessung (*trait*) getrennt werden (vgl. Podsakoff et al., 2012). Diese Überlegungen bilden die Basis sogenannter MTMM (*multitrait-multimethod*) Analysen (Campbell & Fiske, 1959), die im Rahmen der CFA bzw. mit SEM analysiert werden können.

6.8 Unsystematische und systematische Messfehler

Auch gilt es eine weitere Modellannahme in der CFA kritisch zu beleuchten: **Residuen** werden als untereinander unkorreliert (orthogonal) angenommen. Diese Annahme fußt auf der Sichtweise, dass Residuen (d. h. Messfehler und spezifische Varianz von Indikatoren) verschiedener Messungen eben nicht systematisch zusammenhängen, nachdem der gemeinsame Faktor auspartialisiert wurde (= reflektives Messmodell): die sogenannte „lokale stochastische Unabhängigkeit".

Es gibt jedoch Fälle, in denen eine Korrelation zwischen Residualvariablen (**Residuenkovarianzen** $\psi_{kk'}$), d. h. ein systematischer Zusammenhang der Messresiduen, erlaubt und auch theoretisch begründet bzw. sinnvoll sein kann. Hierbei wird bspw. angenommen, dass (a.) ein **inhaltlicher Zusammenhang** zwischen Indikatoren besteht, der nicht bereits durch den (oder die) gemeinsamen Faktor(en) repräsentiert wird (Gerbing & Anderson, 1984). Manche Indikatoren könnten bspw. eine spezifische Subdimension des übergeordneten Faktors erfassen. Auch kann dies (b.) eine Überlappung aufgrund **ähnlicher Operationalisierung** bzw. einer ähnlichen **Messmethode** sein (z. B. stark ähnliche Semantik von Items) oder, andererseits, (c.) die wiederholte Verwendung desselben Indikators zu mehreren Messzeitpunkten in Längsschnittdaten (**Messwiederholung**). Hierdurch kann jeweils ein zusätzlicher, jedoch potenziell unberücksichtigter systematischer Zusammenhang zwischen den Residuen oder, genauer gesagt, den darin enthaltenen spezifischen Varianzanteilen auftreten.

Wie bereits erwähnt, muss die Kovarianz zwischen den Residuen zweier Variablen (hier: y_1 und y_2) bzw. die Beschreibung einer zusätzlichen Kovarianz zwischen endogenen Variablen explizit spezifiziert werden:

```
sem paths …, cov(e.y1*e.y2)
```

Eine Alternative sind eigens spezifizierte und mit den substanziellen Faktoren unkorrelierte (orthogonale) Faktoren für die betroffenen Indikatoren, die deren zusätzliche, nicht durch den allgemeinen Faktor abgedeckte Kovarianz abdecken sollen. Je nach Deutung werden diese Faktoren als „**Methodenfaktoren**" (= Methodeneffekt, s. Kap. 6.7) oder auch „**Gruppenfaktoren**" (= inhaltliche Subdimension, s. Kap. 6.9) bezeichnet.

6.9 Exkurs: Faktoren höherer Ordnung und Subdimensionen von Indikatoren

Viele Konstrukte in den Sozialwissenschaften sind nicht **eindimensional** (ein umfassender Faktor), sondern **mehrdimensional** (mehrere, abgrenzbare Faktoren mit einem gemeinsamen inhaltlichen Kern). Zusätzlich können diese Faktoren aus theoretischen Gründen eine Art **hierarchische Anordnung** haben. So wird bspw. angenommen, dass Intelligenz, Persönlichkeitsdimensionen oder auch Autoritarismus wiederum spezifische Subdimensionen oder Facetten aufweisen, sich diese aber zu einem Großteil aus einem übergeordneten Faktor (*trait*) erklären lassen.

Es gibt nun verschiedene Varianten innerhalb der Faktorenanalyse bzw. SEM, um diese Struktur abzubilden, und daher können diese Varianten prinzipiell hinsichtlich ihrer Anpassung zu empirischen Daten verglichen werden (vgl. Chen et al., 2006). Auch gibt es Möglichkeiten der Reliabilitätsschätzung für Instrumente mit Messmodellen hierarchischer Struktur (vgl. Raykov & Marcoulides, 2011). Hier vorgestellt werden: Faktoren höherer Ordnung, die Bi-Faktorstruktur und

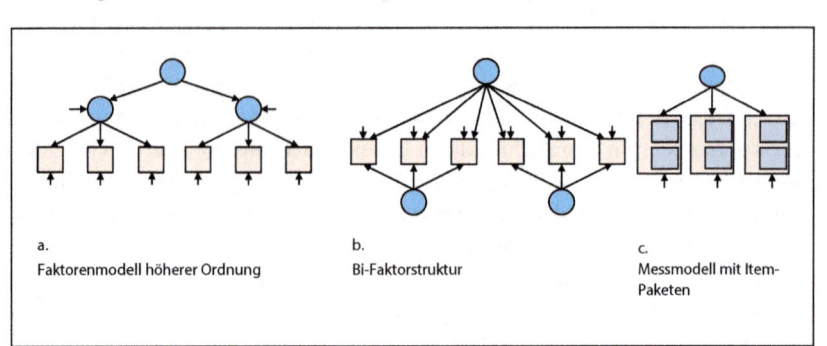

Abbildung 15 Faktoren höherer Ordnung und Subdimensionen von Indikatoren

a.
Faktorenmodell höherer Ordnung

b.
Bi-Faktorstruktur

c.
Messmodell mit Item-Paketen

a-priori-Zusammenfassung von Indikatoren in „Pakete" (*item parceling*) (s. Abbildung 15).

Eine Variante zur Abbildung einer hierarchischen Anordnung latenter Konstrukte sind **Faktoren höherer Ordnung** (*second-order factors*) (s. Abbildung 15-a), wobei gilt, dass:

$$y_k = \alpha_k + \beta_{kj}\eta_j + \varepsilon_k$$

$$\eta_j = \alpha_j + \gamma_{jl}\xi_l + \zeta_j$$

In Worten ausgedrückt zeigen die Gleichungen, dass sich die Varianz der untergeordneten Faktoren (hier: η_j) in geteilte Varianz mit dem übergeordneten Faktor ξ_l und ihre jeweils spezifische Faktorvarianz, hier sichtbar als das Residuum ζ_j, zerlegen lässt. Die Korrelation untergeordneter Faktoren ließe sich also wiederum vollständig durch den geteilten übergeordneten Faktor erklären (= gesamt geteilte Varianz).

Für gewöhnlich gilt, dass alle Residuen untereinander und alle exogenen Variablen mit Residuen unkorreliert sind:

$$\text{Cov}(\zeta, \zeta) = 0 \text{ und auch } \text{Cov}(\xi, \zeta) = 0$$

Auch gelten dieselben Regeln zur Identifikation für SEM im Allgemeinen und für latente Faktoren im Speziellen.

Eine andere Variante ist die sogenannte **Bi-Faktorstruktur** (*bifactor model*) (vgl. Reise, 2012). Auch hier wird im Prinzip die Variation von Messwerten in den Indikatoren y_k aufgrund eines gemeinsamen oder generellen Faktors (ξ_g) von je-

6.9 Exkurs: Faktoren höherer Ordnung und Subdimensionen von Indikatoren

weils spezifischen Faktoren bzw. **Gruppenfaktoren** (ξ_s) sowie dem Residuum ε_k getrennt (s. Abbildung 15-b):

$$y_k = \alpha_k + \gamma_{kg}\xi_g + \gamma_{ks}\xi_s + \varepsilon_k$$

Hierbei wird ebenfalls angenommen, dass spezifische Faktoren ξ_s nach Herausrechnen der geteilten Varianz mit einem übergeordneten Faktor (hier: ξ_g) unkorreliert sind, aber auch die Korrelation mit dem übergeordneten Faktor ist aus Gründen der Identifikation gleich 0:

$\text{Cov}(\zeta,\zeta) = 0$ und $\text{Cov}(\xi,\zeta) = 0$, aber auch $\text{Cov}(\xi,\xi) = 0$

Die modellimplizierte Varianz der Indikatoren ließen sich demnach zerlegen in:

$$\sigma_{kk} = \gamma_{kg}^2 \phi_{gg} + \gamma_{ks}^2 \phi_{ss} + \psi_{kk}$$

Auch können sich nur manche Indikatoren spezifische Faktoren neben dem generellen Faktor „teilen". Als mögliche Ursache gelten hierbei unter anderem **Methodenfaktoren** und so sind diese oftmals nur aufgrund theoretischer Überlegungen von primär **inhaltlichen** Faktoren unterscheidbar (s. dazu auch Kap. 6.7 und 6.8).

Beim „**item parceling**" werden hingegen einzelne Indikatoren zuvor in „ItemPakete" zusammengefasst (hier: *Composite Scores* C_c) und deren Kombinationen bzw. mehrere solche Pakete werden danach als Messungen eines übergeordneten latenten Faktors ξ_j herangezogen (s. Abbildung 15-c). Man kann also schreiben:

$$C_c = y_{c1} + y_{c2} + \ldots + y_{cK}$$

$$C_c = \alpha_c + \gamma_{cj}\xi_j + \varepsilon_c$$

Die Indikatoren aller Pakete zusammenzufassen entspräche wiederum einem umfassenden Summenscore, jedoch ohne Spezifikation eines latenten Faktors und ohne Berücksichtigung von Messfehlern.

Es gibt verschiedene Zugänge, wann, warum und wie viele solcher Pakete gebildet werden sollten, die an dieser Stelle jedoch nicht näher beleuchtet werden können (s. dazu ausführlicher z. B. Little et al., 2002). Vorteile der Benützung von Item-Paketen können jedoch sein: deren Reliabilität ist in der Regel höher als die einzelner Indikatoren (hohe Kommunalität), schiefe Verteilungen oder grob-stufige ordinale Indikatoren werden „normalisiert", Messmodelle werden effizienter (Reduktion zu schätzender Parameter), stabiler und weisen besseren Fit zu den Daten auf (Bandalos, 2002). Die zusammengefassten Items (Pakete) sollten jedenfalls eindimensional sein bzw. sollten Pakete starke Kreuzladungen nicht ignorieren oder sogar bewusst „verschleiern".

6.10 Reliabilitätsschätzung im Rahmen der Faktorenanalyse

Die Ermittlung der **Reliabilität** einzelner **Indikatoren** bzw. der Item-Reliabilität (auch genannt **Kommunalität**) einerseits sowie die Reliabilität einer Reihe von Items als zusammengefasste Skala oder „Composite Score" (**Skalenreliabilität**) andererseits stellen ein wesentliches Gütekriterium der Messung und einen zentralen Bestandteil der Faktorenanalyse dar.

Die **Item-Reliabilität** bzw. **Kommunalität** beschreibt den Anteil der erklärten Varianz in den beobachteten Messwerten durch einen (oder mehrere) Faktor(en) (s. dazu auch R^2, Kap. 3.11). Aus den allgemeinen Formeln der Faktorenanalyse wissen wir, dass sich die modellimplizierte (geschätzte) Indikatorvarianz σ eindimensionaler (homogener) Indikatoren durch die mit der quadrierten Faktorladung γ gewichteten Faktorvarianz ϕ plus der Varianz des Residuums ψ darstellen lässt (s. Kap. 6.5):

$$\sigma = \gamma^2 \phi + \psi$$

Die Schätzung der Kommunalität ρ_{y_k} (klein Rho, in der Literatur auch manchmal $h^2_{y_k}$) eines eindimensionalen Indikators (Items) y_k, d. h. Indikatoren mit Ladungen auf lediglich einen Faktor, berechnet sich wie folgt:

$$\rho_{y_k} = \frac{\text{true score Varianz}}{\text{observed score Varianz}} = \frac{\gamma^2 \phi}{\sigma} = \frac{\gamma^2 \phi}{\gamma^2 \phi + \psi} = \tilde{\gamma}^2 = \widetilde{\text{Corr}}(\xi, y)^2$$

Für den Fall, dass Variablen und damit die **Faktorladungen standardisiert** angegeben werden ($\tilde{\phi} = 1$, $\tilde{\sigma} = 1$ mit $\tilde{y}$), ergibt sich die Reliabilität für eindimensionale Items wiederum schlichtweg aus der quadrierten Faktorladung.

Allgemeiner ergibt sich die Reliabilität aus 1 minus dem nicht erklärten Varianzanteil (*uniqueness*) bzw. 1 − dem Anteil der geschätzten Residualvarianz an der geschätzten Gesamtvarianz des Indikators:

$$\rho_{y_k} = 1 - \frac{\psi}{\sigma} = 1 - \tilde{\psi}$$

Sofern Variablen **standardisiert** sind (wenn gilt dass, $\tilde{\phi} = 1$ und $\tilde{\sigma} = 1$), berechnet sich die Kommunalität daher schlichtweg aus 1 − der standardisierten Residualvarianz ($\tilde{\psi}$) (s. Kap. 6.5). Letztere Formulierung entspricht der Ausgabe nach

6.10 Reliabilitätsschätzung im Rahmen der Faktorenanalyse

der EFA mit `factor`, wobei die standardisierte Residualvarianz im Output in der letzten Spalte als „uniqueness" ($\widetilde{\psi}$) ausgegeben und in dem Vektor `e(Psi)` (d.h. Matrix Ψ, groß Psi) intern gespeichert wird, wie das folgende **Analysebeispiel** zeigt (s. Beispiel 14). Die Reliabilitäten ρ_{y_k} (bzw. R^2 der Variablen) in der CFA erhält man nach dem `sem` Befehl über (s. Beispiel 14):

`estat eqgof`

Ein wesentliches Gütekriterium eines umfassenderen Instruments bzw. einer Multi-Item-Skala ist schließlich die Schätzung der Reliabilität der gesamten Skala bzw.

Beispiel 14 Schätzung der Item-Reliabilität bzw. Kommunalität (fiktive Daten)

```
. quietly factor y1 y2 y3 y4, factors(1) ml

. matrix eins = (1,1,1,1)'

. matrix R2 = eins-e(Psi)'  // Berechnung d. Item-Reliabilität nach -factor-

. matrix colnames R2 = "R2"

. matrix list R2, noheader format(%4.3f)

        R2
  y1  0.307
  y2  0.616
  y3  0.489
  y4  0.534

. quietly sem (Xi1 -> y1 y2 y3 y4)

. estat eqgof, format(%4.3f)  // Berechnung d. Item-Reliabilität mit -eqgof-

Equation-level goodness of fit
```

		Variance					
depvars		fitted	predicted	residual	R-squared	mc	mc2
observed							
y1		1.186	0.364	0.822	0.307	0.554	0.307
y2		0.483	0.298	0.185	0.616	0.785	0.616
y3		0.645	0.316	0.329	0.489	0.700	0.489
y4		1.092	0.583	0.509	0.534	0.730	0.534
overall					0.806		

```
mc  = correlation between depvar and its prediction
mc2 = mc^2 is the Bentler-Raykov squared multiple correlation coefficient
```

des „Composite Scores" (**Skalenreliabilität**). Für einen aus k Indikatoren bzw. Items gebildeten Composite Score oder einfachen (= gleich gewichteten) Summenindex (hier: C) soll gelten, dass:

$$C = y_1 + y_2 + \ldots + y_K$$

Oft werden die so gebildeten Skalenwerte zusätzlich gemittelt (durch die Gesamtzahl K dividiert) oder in anderer Form reskaliert (z. B. auf Werte zwischen 0 und 1), was jedoch hinsichtlich des Ausmaßes von Messfehlern und damit der Höhe der Reliabilität unerheblich ist.

Häufig wird in der Praxis zur Reliabilitätsschätzung einer Multi-Item-Skala der **Koeffizient Alpha** (ρ_α) nach Cronbach (1951) verwendet, der sich für K Indikatoren wie folgt berechnen lässt (s. Raykov & Marcoulides, 2011, S. 142):

$$\rho_\alpha = \frac{\text{true score Varianz}}{\text{observed score Varianz}} = \left(\frac{K}{K-1}\right)\left(1 - \frac{\sum \text{Var}(y_k)}{\text{Var}(C)}\right)$$

Vereinfacht wird der Wert Alpha manchmal über die durchschnittliche Korrelation $\bar{r}$ aller K Indikatoren dargestellt (s. Beispiel 15):

$$\rho_\alpha = \frac{K\bar{r}}{1 + (K-1)\bar{r}}$$

In Stata ist die Berechnung der **Reliabilität Alpha** (ρ_α) vergleichsweise einfach möglich über (s. Beispiel 15):

```
alpha varlist [if] [in] [, options]
```

Beispiel 15 Reliabilität einer Skala nach Cronbach (fiktive Daten)

```
. alpha y1 y2 y3 y4, casewise std // Alpha nach Cronbach

Test scale = mean(standardized items)

Average interitem correlation:     0.4778
Number of items in the scale:           4
Scale reliability coefficient:     0.7854

. display _newline "Rho(Alpha) = " as res %4.3f ///
> r(k)*r(rho) / [1+(r(k)-1)*r(rho)] // Alpha über durchschnittl. Korrelation

Rho(Alpha) = 0.785
```

6.10 Reliabilitätsschätzung im Rahmen der Faktorenanalyse

Die Literatur weist jedoch auf einige Probleme in der Anwendung von Alpha hin (vgl. Cho & Kim, 2015; Graham, 2006; Raykov & Marcoulides, 2011, S. 154 f). Alpha liefert die exakte Reliabilität einer Skala bzw. eines Summenscores nur, wenn:

- Indikatoren eindimensional (homogen) sind, d. h. sie laden alle auf einen Faktor.
- Indikatoren „tau-äquivalent" sind, d. h. $\gamma_1 = \gamma_2 = \gamma_k$, ansonsten unterschätzt Alpha die Reliabilität.
- Keine positiv korrelierten Residuen (Residuenkovarianzen, $\psi_{kk'}$) existieren, ansonsten überschätzt Alpha die Reliabilität bzw. unterschätzt Alpha die Reliabilität bei negativ korrelierten Residuen.

Alle genannten Annahmen lassen sich jedoch im Rahmen von SEM grundsätzlich überprüfen, können jedoch nicht vorausgesetzt werden. Ein zusätzliches Problem ist, dass Alpha automatisch mit der Zahl an Indikatoren steigt und dass hohe Alpha-Werte damit per se kein guter Indikator für starke Item-Interkorrelation (interne Konsistenz) sind.

Für die Reliabilität eines umfassenden Instruments (bzw. Skala oder „Composite Score") C zur Messung einer latenten Variable ξ gilt als allgemeinere **Schätzung der Skalenreliabilität** (ρ_c) (vgl. Acock, 2013, S. 13; Raykov & Marcoulides, 2011, S. 160 f):

$$\rho_C = \frac{\text{true score Varianz}}{\text{observed score Varianz}} = \frac{\text{Var}(\xi)}{\text{Var}(C)} = \frac{(\sum \gamma_{kj})^2 \phi_{jj}}{(\sum \gamma_{kj})^2 \phi_{jj} + \sum \psi_{kk} + 2\sum \psi_{kk'}}$$

Der Koeffizient ρ_c wird in der Literatur auch „**Composite Reliability**" (Raykov, 1997) oder nach McDonald (1999) als Reliabilität ρ_ω (klein Omega) bezeichnet. Das Maß setzt sich zusammen aus: (Faktorladungssumme quadriert · geschätzte Faktorvarianz) dividiert durch (Faktorladungssumme quadriert · geschätzte Faktorvarianz + Summe der Residualvarianzen + 2 · Summe der Residuenkovarianzen). Sind die Indikatoren jedoch eindimensional, tau-äquivalent und es liegen keine Residuenkovarianzen vor, ist das Maß ρ_c ident mit Alpha (ρ_α). Diese Art der Reliabilitätsschätzung für ρ_c nach Raykov (1997) ist auch mittels eines eigenen Stata-Befehls (Zusatzpaket) verfügbar (s. Beispiel 16, auf S. 97), der nach dem sem Befehl ausgeführt werden kann (Mehmetoglu, 2015b):

```
relicoef
```

Bei dem Befehl `relicoef` muss jedoch vor der Berechnung darauf geachtet werden, dass alle Faktorladungen dasselbe **Vorzeichen** aufweisen, sodass Indikatoren gegebenenfalls recodiert (umgepolt) werden müssen. Diese Bedingung ist für die Berechnung mittels `alpha` hingegen nicht erforderlich.

Eine etwas komplexere, jedoch allgemeinere Variante im Rahmen der CFA ist die Bestimmung der *Composite Reliability* ρ_C mithilfe latenter „**Phantomvariablen**" (*auxiliary variables*), da auch gewichtete Summenindizes und multidimensionale Messmodelle bzw. Skalen bewertet werden können (vgl. Raykov, 1997; Raykov & Shrout, 2002). Die Phantomvariable soll im Messmodell letztlich einen künstlichen Composite Score C darstellen. Die im folgenden Beispiel verwendete Definition des Messmodells zur Bestimmung der Reliabilität (*Composite Reliability*) bedient sich dabei exakt der Darstellung und Spezifikation aus Abbildung 16 (auf S. 99). Auch hier ist zur korrekten Berechnung zu beachten, dass alle Faktorladungen dasselbe **Vorzeichen** aufweisen.

Für die Umsetzung in Stata (s. Beispiel 16) wird zunächst eine unkorrelierte Hilfsvariable bzw. Konstante (hier: die Variable „hv") als Scheinindikator benötigt, um die latente Phantomvariable spezifizieren zu können, die jedoch keinen weiteren analytischen Nutzen hat:

```
generate hv=0
```

Die Regressionskoeffizienten eines fiktiven Composite Scores C (Phantomvariable) auf die Indikatoren werden bei gleicher Gewichtung der Indikatoren auf 1 gesetzt und C weist per Definition kein Residuum auf, d. h. die Residualvarianz von C ist 0, was die bereits bekannte Formel ergibt:

$$C = y_1 + y_2 + \ldots + y_K$$

Für das Messmodell samt latenter Phantomvariable (hier: „C", sofern die Variable nicht bereits im Datensatz existiert) kann man dann schreiben:

```
sem (Xi -> y1-yK) (y1-yK@1 -> C) (C -> hv@0), ///
    var(e.C@0 e.hv@0)
```

Das hier definierte SEM liefert jedoch im Gegensatz zum ursprünglichen Messmodell keine Information zur Modellgüte. Die *Composite Reliability* ergibt sich dann aus der quadrierten Korrelation zwischen „Xi" (ξ) und „C" (s. Raykov, 1997, S. 176 sowie Abbildung 16):

$$\rho_C = \frac{\text{true score Varianz}}{\text{observed score Varianz}} = \frac{\text{Var}(\xi)}{\text{Var}(C)} = \widehat{\text{Corr}}(\xi, C)^2$$

6.10 Reliabilitätsschätzung im Rahmen der Faktorenanalyse

Die Ausgabe erfolgt über:

```
estat framework, fitted standardized
```

Die entsprechende Korrelation ist der Tabelle „Fitted covariances of observed and latent variables (standardized)" bzw. der modellimplizierten Kovarianzmatrix $\Sigma(\theta)$, die in Stata als `r(Sigma)` gespeichert wird, zu entnehmen und kann anschließend manuell quadriert werden, wie in folgendem **Analysebeispiel** gezeigt wird (s. Beispiel 16).

Beispiel 16 Varianten zur Schätzung der Composite Reliability (fiktive Daten)

```
. quietly sem (Xi1 -> y1 y2 y3 y4)

. relicoef // Composite Reliability nach Raykov

Raykov's factor reliability coefficient
+----------------------------------------+
  Factor            |   Coefficient
+----------------------------------------+
  Xi1               |     0.768
+----------------------------------------+
Note: We seek coefficients >= 0.7

. generate hv=0 // Composite Reliability über latente "Phantomvariable" (C)

. quietly sem (Xi -> y1-y4) (y1-y4@1 -> C) (C -> hv@0), ///
> var(e.C@0 e.hv@0) latent(Xi C)

. quietly estat framework, fitted standardized

. matrix list r(Sigma), format(%5.4f) noheader

             observed:  observed:  observed:  observed:  observed:  latent:
latent:
                   y1         y2         y3         y4         hv         C
Xi
observed:y1    1.0000
observed:y2    0.4349     1.0000
observed:y3    0.3875     0.5493     1.0000
observed:y4    0.4046     0.5735     0.5110     1.0000
observed:hv         .          .          .          .     1.0000
   latent:C    0.7530     0.7826     0.7585     0.8129          .     1.0000
  latent:Xi    0.5539     0.7851     0.6996     0.7304          .     0.8765
1.0000

. dis _newline "Rho(C) = " as res %4.3f ///
> .8765^2 // Berechnung der Composite Reliability

Rho(C) = 0.768
```

Es wurden nun mehrere Methoden zur Bestimmung der Reliabilität vorgestellt (s. Beispiel 15 und Beispiel 16). Neben dem Faktum, dass die Reliabilität ein entscheidendes **Gütekriterium** für die Beurteilung der Qualität eines Messinstruments darstellt, ist die korrekte Reliabilitätsschätzung insofern von Bedeutung, als sie auch die Basis der **Präzisionsschätzung individueller Messwerte** bzw. einzelner Beobachtungseinheiten (z. B. Individuen) bildet. Eine einfache Art der Berechnung bspw. für das 95 %-Konfidenzintervall individueller Messwerte y_i auf Basis der Standardabweichung der gesamten Skala C, deren Reliabilität ρ und bei größeren Stichproben $z_{(\alpha/2)} = 1.96$ lautet (s. Moosbrugger, 2008, S. 109):

$$KI_{95\%}(y_i) = y_i \pm 1.96 \cdot SD(C) \cdot \sqrt{1 - \rho}$$

Es sei angemerkt, dass diese Art der Berechnung implizit auf der Annahme beruht, dass die Reliabilität (Präzision der Messung) unabhängig vom Messwert selbst ist. Anders ausgedrückt, werden Individuen bzw. Beobachtungseinheiten mit hohen oder geringen Merkmalsausprägungen auf der latenten Variable demnach mit gleicher Präzision erfasst.

Abschließend kann man sagen, dass sich die **Anforderungen** an die **Höhe** der Reliabilität eines Messinstruments stark an dem jeweiligen Anwendungsgebiet orientieren: Sollen also Einzelfälle präzise gemessen werden (Individualdiagnosen), werden Werte ab > .80 und höher gesucht. Hingegen werden für Gruppenvergleiche (Mittelwertunterschiede) auch Reliabilitätskoeffizienten > .70 als ausreichend angesehen (s. Rammstedt, 2010, S. 249).

6.11 Analyse latenter Variablen vs. Summenindizes

Eine Frage, die oft in der Praxis gestellt wird, ist: Warum sollte man **latente Variablen** und nicht (einfache) **Summenindizes** (*Composite Scores*) analysieren? Deren Zusammenhang soll daher noch einmal kurz verdeutlicht werden (s. dazu ausführlicher Bollen & Lennox, 1991). Wenn für einen Summenindex aus den Indikatoren y_k gelten soll, dass:

$$C = y_1 + y_2 + \ldots + y_K$$

so wissen wir aus den Gleichungen der Faktorenanalyse, die latente Variablen explizit beinhalten, dass gelten muss:

$$C = (\gamma_{11}\xi_1 + \varepsilon_1) + (\gamma_{21}\xi_1 + \varepsilon_2) + \ldots + (\gamma_{K1}\xi_1 + \varepsilon_K)$$

6.11 Analyse latenter Variablen vs. Summenindizes

oder allgemeiner umformuliert:

$$C = \left(\sum \gamma_{kj}\right)\xi_j + \sum \varepsilon_k$$

In der Zusammenfassung der Indikatoren wird somit zusätzlich zur latenten Variablen (ξ) immer die Summe der Messfehler der Indikatoren mit inkludiert und zusammen aufsummiert. Der Zusammenhang zwischen latenter Variable und Summenindex ließe sich auch als Pfaddiagramm darstellen (s. Abbildung 16). Der einfache Summenindex ist hier eine weitere latente, jedoch endogene Variable ohne Residuum bzw. das „Ergebnis" der Indikatoren samt ihrer Messfehler (s. Graham, 2006, S. 933).

Aus den Formeln der KTT (s. Kap. 5.1) wissen wir wiederum, dass sich die Reliabilität aus der quadrierten Korrelation zwischen wahren Werten und beobachteten Messwerten ergeben muss (s. auch Abbildung 16):

$$\rho_C = \frac{\text{true score Varianz}}{\text{observed score Varianz}} = \frac{\text{Var}(\xi)}{\text{Var}(C)} = \widehat{\text{Corr}}(\xi, C)^2$$

und daher gilt:

$$\widehat{\text{Corr}}(\xi, C) = \sqrt{\rho_C}$$

Ein Summenindex (C) wird demnach im Prinzip nie ident zu der latenten Variable (ξ) selbst sein, es sei denn, die Summe aller Residuen bzw. deren Varianz ist 0. Dasselbe gilt für gespeicherte Faktorwerte mittels `predict`, die ebenfalls eine Linearkombination bzw. ein über die Faktorladungen gewichteter Summenindex

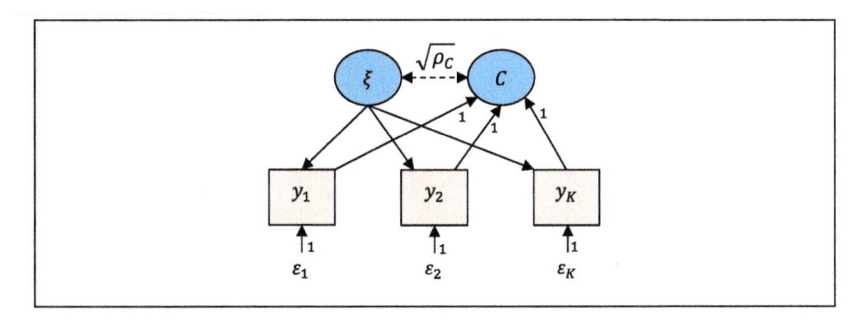

Abbildung 16 Zusammenhang zwischen latenter Variable und Summenscore

sind (s. StataCorp, 2015: Methods and formulas for sem/Predictions). Daher gilt für gewöhnlich, dass:

$C \neq \xi$

und daher gilt z. B. immer (s. Kap. 5.2), dass:

$\text{Corr}(C_1, C_2) \leq \text{Corr}(\xi_1, \xi_2)$

Auch für weitere Arten von Analysen, die etwa als Ziel den Vergleich der Mittelwerte latenter Variablen haben (κ_g, klein Kappa), wie Mittelwertvergleiche in der **ANOVA** (= Regression auf Gruppen bzw. mehrere Dummy-Variablen) oder im einfachen **t-Test** für zwei unabhängige Gruppen (= Regression auf eine Dummy-Variable), empfiehlt sich daher die Berücksichtigung bzw. Analyse latenter Variablen anstatt einfacher Summenindizes als manifeste Variablen (vgl. Cole et al., 1993), da erstere – theoretisch gesehen – perfekte Reliabilität aufweisen. Als Beispiel ließe sich in Stata formulieren (s. Abbildung 17):

```
sem (x -> Eta) (Eta -> y1 y2 yK)
```

Wichtig ist, sich zu vergegenwärtigen, dass hierbei angenommen wird, dass sich alle Unterschiede der untersuchten Gruppen (x) ausschließlich in der latenten endogenen Variable (Faktor) η widerspiegeln und sich nicht direkt auf dessen Indikatoren auswirken (s. Abbildung 17). Allgemeiner wird dieses Charakteristikum auch als **MIMIC-Modell** (*multiple indicators and multiple causes model*) bezeichnet (vgl. Jöreskog & Goldberger, 1975), wobei die Indikatoren für alle Gruppen implizit idente Messeigenschaften aufweisen.

Abbildung 17 Summenscore bzw. latente Variable und Regression auf exogene Variablen

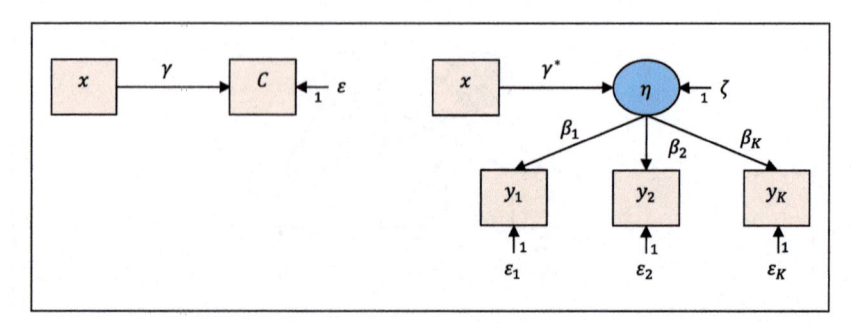

Eine Alternative zum Vergleich **latenter Mittelwerte** κ_g über mehrere ($g = 1, ..., G$) Gruppen hinweg bildet die Multi-Gruppen-Faktorenanalyse (*multiple-group confirmatory factor analysis*, MG-CFA). Hierbei werden explizit latente Mittelwerte modelliert und verglichen, sofern gewisse Bedingungen erfüllt sind, die auch als Messinvarianz bezeichnet werden (s. dazu auch Kap. 11.2). Diese Form der Analyse ist in Stata generell über die folgende Zusatzoption möglich:

```
sem paths …, group(varname)
```

6.12 Exkurs: Formative Messmodelle

Das **formative Messmodell** postuliert im Unterschied zur Faktorenanalyse sogenannte „**Kausalindikatoren**" oder „formative Indikatoren", d. h. Indikatoren x_k sind exogene Ursache eines zu beschreibenden Konstrukts η und bedingen die Entstehung dieses Konstrukts erst durch „konzeptuelle Gemeinsamkeit" (vgl. ausführlicher Bollen & Bauldry, 2011; Bollen & Lennox, 1991; Diamantopoulos & Winklhofer, 2001). Die zentrale Prämisse ist, dass die latente Variable η als fokale Mediatorvariable für alle Effekte der formativen Indikatoren x_k operiert.

Typische Beispiele für Konstrukte dieser Art sind etwa der sozioökonomische Status (zusammengesetzt aus Bildung, Einkommen und Berufsprestige), das Ausmaß sozialer Kontakte in unterschiedlichen Kontexten oder möglicherweise der Grad der Demokratisierung. Der wesentliche Unterschied zum reflektiven Messmodell ist, dass die Indikatoren per se nicht korreliert sein müssen, da die Annahme der gemeinsamen Ursache (*common factor*) aufgehoben ist.

Abbildung 18 Formatives Messmodell für einen latenten Faktor

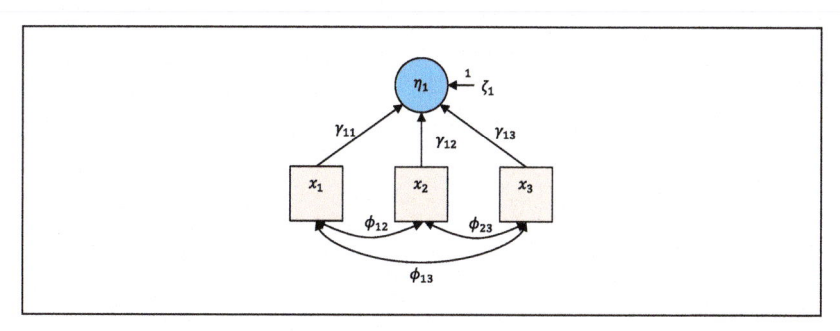

Damit ist das Konstrukt bzw. die latente Variable im formativen Messmodell immer als endogen anzusehen (daher η) (s. Abbildung 18). Allgemein schreibt man somit für das reine Messmodell:

$$\eta = \alpha + \Gamma X + \zeta$$

Auch gilt, dass das formative Messmodell nur ident ist mit einem Composite Score, d.h. ein Index aus der linearen Kombination der Indikatoren, wenn gilt, dass-Var(ζ) = 0 (Bollen & Bauldry, 2011). Für den einfachen Summenindex müsste weiters zutreffen, dass jeweils gilt, dass $\gamma = 1$.

Für sich stehend ist das **formative Messmodell** jedoch unabhängig der Zahl an Indikatoren (K) nie identifiziert bzw. unteridentifiziert ($d.f. < 0$) und kann daher nur in einem größeren SEM geschätzt werden (Bollen, 1989). Eine Regel zur Identifikation lautet hierbei, dass zumindest zwei emittierende (ausgehende) Pfade der latenten Variablen η existieren bzw. mit geschätzt werden müssen oder nur ein Pfad, sofern angenommen wird das Var(ζ) = 0 (s. Bollen & Bauldry, 2011, S. 284). Allgemeiner kann das formative Messmodel daher im Rahmen sogenannter **MIMIC-Modelle** geschätzt werden (vgl. Jöreskog & Goldberger, 1975).

Zusammenfassung: Das vollständige SEM 7

> **Zusammenfassung**
>
> Dieser Abschnitt wiederholt das Ziel von SEM: die Verbindung von Strukturmodell (Pfadanalyse) und Messmodellen (Faktorenanalyse) und zeigt die allgemeine Formulierung von SEM in Stata sowie die sich daraus ergebenden Spezialfälle statistischer Modelle.

Die vorhergehenden Abschnitte haben den Versuch unternommen, die für SEM eigene Sprache und Notation zu erläutern. Einen weiteren Einblick in Stata bietet bspw. auch help sem glossary. Die statistische Notation, die im vorliegenden Manuskript durchgehend Verwendung findet, wird nochmals kompakt im Appendix dargestellt und bildet die Basis der Ausgabe in Stata, wenn der Befehl estat framework aufgerufen wird.

Wie erwähnt, ist das wesentliche Ziel von SEM, ein hypothetisches Modell möglichst exakt in ein statistisch prüfbares Modell zu übersetzen. Ein weiteres Ziel lautet daher, die zugrunde liegenden latenten Variablen (Konstrukte) eines theoretischen Modells selbst in Beziehung zueinander zu setzen, d.h. konkret Pfadanalyse/Regressionsmodelle (Strukturmodelle) und Faktorenanalyse (Messmodelle) zu verbinden, um letztlich eine um Messfehler bereinigte Analyse von Variablenzusammenhängen vorzunehmen. Ein umfassenderes SEM könnte dann z.B. folgende Form haben (s. Abbildung 19).

Ein „Strukturgleichungsmodell" (SEM) in Stata wird, wie bereits erwähnt, über folgende **allgemeine Gleichung** beschrieben, die **Strukturmodelle** und/oder **Messmodelle** inkludiert bzw. alle Beziehungen zwischen endogenen und exogenen Variablen beinhaltet:

$$Y = \alpha + BY + \Gamma X + \zeta$$

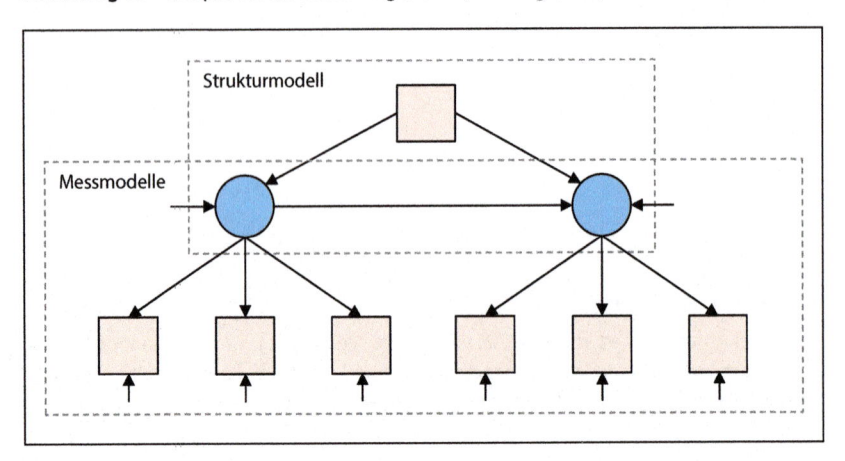

Abbildung 19 Beispiel für ein vollständiges SEM (Pfaddiagramm)

Dabei gilt in Stata, dass (s. StataCorp, 2015: Methods and formulas for sem/Variable notation):

$$Y = \begin{pmatrix} y \\ \eta \end{pmatrix}, X = \begin{pmatrix} x \\ \xi \end{pmatrix}, \zeta = \begin{pmatrix} \varepsilon \\ \zeta \end{pmatrix} \text{ bzw. in der Kommandosprache } \zeta = \begin{pmatrix} e.y \\ e.\eta \end{pmatrix}$$

Das heißt Y steht allgemein für manifeste endogene Variablen y oder latente endogene Variablen η, X steht allgemein für manifeste exogene Variablen x oder latente exogene Variablen ξ und ζ steht allgemein für Residuen manifester Variablen ε oder Residuen latenter Variablen ζ. Das Symbol α steht für die Matrix der Konstanten (*intercepts*), d. h. geschätzte Werte endogener Variablen, wenn alle unabhängigen Variablen der Gleichung den Wert 0 annehmen. Die Elemente **B** und **Γ** beinhalten (konstante) Regressionskoeffizienten, wobei zwischen Regressionen auf selbst endogene Variablen Y respektive exogene Variablen X unterschieden wird.

Die Zusammenfassung der **Mittelwertstruktur** in SEM im Vektor μ umfasst die Erwartungswerte (Mittelwerte) exogener Variablen $E(X) = \kappa$ und modellimplizierte Mittelwerte endogener Variablen $E(Y) = \mu_Y$ und lautet verkürzt:

$$\mu = \begin{pmatrix} \mu_Y \\ \kappa \end{pmatrix}$$

7 Zusammenfassung: Das vollständige SEM

Wie gezeigt wurde, lassen sich aus der allgemeinen Notation für SEM mehrere Spezialfälle an Modellen ableiten:

1. die lineare Regression (oder auch ANOVA) mit nur einer endogenen Variablen:

$$Y = \alpha + \Gamma X + \zeta$$

2. das Pfadmodell mit mehreren endogenen und exogenen Variablen:

$$Y = \alpha + BY + \Gamma X + \zeta$$

3. das „reflektive" Messmodell mit exogenen latenten Variablen und Effektindikatoren:

$$Y = \alpha + \Gamma \xi + \zeta$$

4. das „formative" Messmodell mit endogenen latenten Variablen und Kausalindikatoren:

$$\eta = \alpha + \Gamma x + \zeta$$

Grundlagen der Modellschätzung in SEM 8

> **Zusammenfassung**
>
> In diesem Kapitel werden Grundlagen der Modellschätzung in SEM sowie deren Umsetzung in Stata vorgestellt. Zunächst werden daher Aspekte der Datenstruktur beleuchtet bzw. die Frage, für welche Arten von Daten SEM prinzipiell geeignet sind. Diese Aspekte bedingen schließlich die Anwendung eines Verfahrens zur Parameterschätzung in SEM. Für die in SEM charakteristische Nullhypothese – „hypothetisches Modell und empirische Daten stimmen überein" – wird gezeigt, dass sie auf einen globalen Test aller eingeführten Modellrestriktionen (Parameterrestriktionen) hinausläuft. Außerdem werden Grundregeln und Begriffe der Modellidentifikation in SEM erläutert, d. h. unter welchen Bedingungen ein Modell geschätzt werden kann. Abschließend werden Beispiele für typische Probleme in der Modellschätzung von SEM angesprochen.

8.1 Logik der Modellschätzung in SEM

Mit SEM wird generell ein **a priori definiertes Modell** unterstellt, von dem behauptet wird, es habe die Daten erzeugt. Beispiele solcher Modellannahmen in SEM sind, dass sich die Korrelation einer indirekt wirkenden (mediierten) Variable mit der abhängigen Variable in einem Pfadmodell rein aus der Summe der Produkte der vermittelnden Regressionen darstellen ließe (s. Kap. 4.3) oder dass die Korrelation zwischen Indikatoren lediglich über den Zusammenhang mit den ihnen zugrunde liegenden Faktoren darstellbar sein soll (s. Kap. 6.5). Das bedeutet für gewöhnlich, dass bestimmte **Modellrestriktionen** (auf 0 gesetzte oder gleich gesetzte Parameter im Modell) eingeführt wurden und somit gilt, dass $d.f.$ (Freiheitsgrade) > 0 (s. Kap. 8.4). Diese Modellrestriktionen haben gleichzeitig zur Folge, dass es – im Unterschied zur einfachen Regression – mehrere Möglichkeiten gibt, die Strukturgleichungen eines SEM zu lösen (die sogenannte Überidentifikation des Modells). Die Folge daraus ist, dass die **Stichprobenkovarianzmatrix** von der **modellimplizierten Kovarianzmatrix** abweichen wird. Die im Folgenden vorgestellten Schätzverfahren (bzw. Schätzmethoden) versuchen schließlich eben diese **Diskrepanz** zu minimieren bzw. werden jene Parameter gesucht, deren Verteilung für die beobachteten Daten am plausibelsten erscheint.

Gesucht werden in statistischen Modellen für gewöhnlich jene Parameter, die auf Basis einer Stichprobe die Daten aus der Population bestmöglich beschreiben. Möchte man die Variation von Variablen und deren Zusammenhänge beschreiben, ist die **Populationskovarianzmatrix** Σ (groß Sigma) gemeint. Da Σ unbekannt ist, wird die **Stichprobenkovarianzmatrix S** als Schätzung für Σ verwendet (s. Bollen, 1989, S. 257). Das unterstellte statistische Modell (SEM) liefert dann die sogenannte **modellimplizierte Kovarianzmatrix** $\Sigma(\theta)$ (in der Literatur auch $\hat{\Sigma}$) (s. Kap. 4.4): sie resultiert aus bzw. wird bedingt durch die frei geschätzten oder restringierten Parameter im Modell, die in θ (klein Theta) enthalten sind, nämlich die Parameter B, Γ, Ψ, Φ, α und κ, also Regressionskoeffizienten, Kovarianzen, Konstanten und Mittelwerte (s. StataCorp, 2015: Methods and formulas for sem/Maximum likelihood). Die Schätzung dieser Modellparameter, d. h. die Annäherung an bestmöglich beschreibende Parameter, basiert schließlich auf der Verwendung eines **Schätzverfahrens** bzw. einer Diskrepanzfunktion (s. dazu ausführlicher Kap. 8.3).

Das **Schätzverfahren** besagt: Suche jene Parameterschätzer, sodass die „Annäherung" $\Sigma = \Sigma(\theta)$ am größten wird. Anders formuliert heißt das, das Ziel der **Modellschätzung** ist, dass die Abweichung (Diskrepanz) der Stichproben- von der modellimplizierten Kovarianzmatrix minimal sein soll, d. h. $S - \Sigma(\theta) \to \min$ (s. technisch detaillierter bspw. Reinecke, 2014, Kap. 6.5). Die Maximum-Likelihood (ML) Funktion funktioniert etwa in Grundzügen wie folgt (s. für mathematische Darstellungen StataCorp, 2015: Methods and formulas for sem/Maximum likelihood; Verbeek, 2012, Kap. 6.1):

- Verwende ein schrittweises Verfahren zur Annäherung an die gesuchten Parameter durch „Ausprobieren", d. h. in Iterationen (*iterations*).
- Ermittle jene Parameter (Koeffizienten) mit der besten Anpassung („Fit") bzw. der höchsten „Plausibilität" (Likelihood) für die vorliegenden Daten als Schätzstrategie für Populationsparameter.

Für die im Folgenden vorgestellten Diskrepanzfunktionen zur Schätzung der Modellparameter gilt, dass sie annähernd χ^2-verteilt sind (s. Reinecke, 2014, S. 110) und erlauben es, die entscheidende **Nullhypothese** für das gesamte SEM zu testen (Bollen, 1989):

$H_0: \Sigma = \Sigma(\theta)$

Wurde die Mittelwertstruktur ebenfalls berücksichtigt und in irgendeiner Form restringiert, lautet der Test zusätzlich (s. dazu auch Kap. 4.4 und Kap. 7):

$H_0: \mu = \mu(\theta)$

Die χ^2-Statistik bemisst somit ganz allgemein den **Grad der Abweichung** (Diskrepanz) der Stichproben- von der modellimplizierten Datenstruktur, d.h. es wird simultan getestet, ob alle Residuen aus dem Vergleich der Kovarianzmatrizen S − $\Sigma(\theta)$ gleich 0 sind. Genauer gesagt, wird dabei das **unterstellte Modell** (= *model*) mit einem „**saturated model**" oder perfekt angepassten Modell verglichen (s. dazu ausführlicher Kap. 9.1). Die χ^2-Statistik wird also umso größer sein, je weniger Modell und Daten übereinstimmen. Probleme bei der Interpretation und Eigenheiten des χ^2-Tests sowie mögliche Alternativen zur Bestimmung der Modellgüte werden weiter unten besprochen (s. Kap. 9.2).

8.2 SEM für welche Daten?

Für welche Arten von Daten können SEM nun prinzipiell verwendet werden? Dabei fokussieren wir zunächst auf die **Datenstruktur** und im Folgenden auf die **Stichprobengröße** als zwei Aspekte der statistischen Schätzung eines Modells.

Eine praktisch-empirische Frage, die sich letztlich aus dem Forschungsdesign ableitet, ist, welche **Datenstruktur** ganz allgemein vorliegt. Mit der Datenstruktur ist in diesem Kontext gemeint, welche Struktur bzw. Eigenschaften die erhobenen Messwerte aufweisen (s. Abbildung 20): Welches Messniveau liegt für gemessene (manifeste) Variablen vor? Liegen Messungen für einzelne Elemente bzw. Individuen und/oder Aggregate vor bzw. können Individuen in mehrere Aggregate zusammengefasst werden? Liegen Messungen nur zu einem Zeitpunkt (Querschnittdaten) oder Messungen für mehrere Zeitpunkte (Längsschnittdaten) vor? Prinzipiell können (verallgemeinerte oder generalisierte) SEM für alle möglichen Szenarien bzw. Kombinationen, wie in Abbildung 20 abgebildet, eingesetzt werden (vgl. Muthén, 2002; Skrondal & Rabe-Hesketh, 2004). Der **Fokus dieses Manuskripts** liegt jedoch, wie eingangs erwähnt, auf der Analyse linearer SEM, d.h. der Analyse metrischer abhängiger/endogener Variablen als analytischer Rahmen des sem Befehls, sowie – aus Gründen der didaktischen Einfachheit – auf Querschnittdaten ohne hierarchische Struktur (*single-level data*).

Eine weitere Betrachtungsweise der Datenstruktur ergibt sich aus der **Zahl empirischer Informationen** in den Daten im Verhältnis zur Zahl zu ermittelnder Modellparameter. Die **Modellkomplexität** steigt dementsprechend mit der Zahl zu ermittelnder Modellparameter (s. dazu ausführlicher Kap. 8.4). Ein vergleichs-

Abbildung 20 Einordnung der Datenstruktur

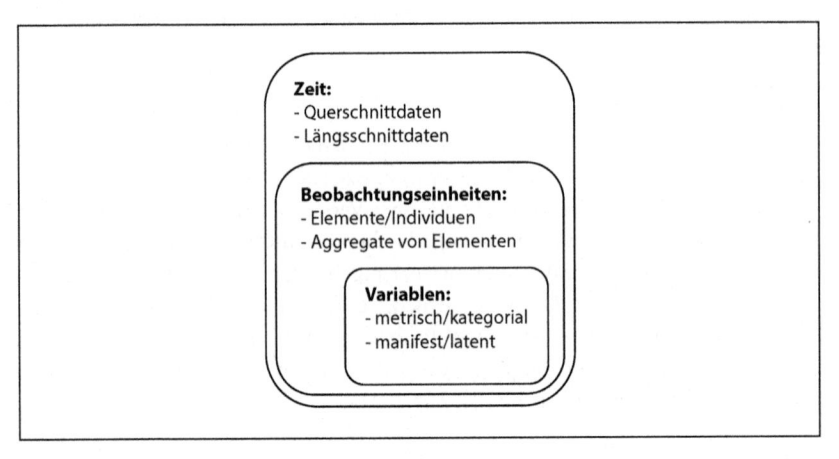

```
┌─────────────────────────────────────────────────┐
│   ╭─────────────────────────────────────────╮   │
│   │  Zeit:                                  │   │
│   │  - Querschnittdaten                     │   │
│   │  - Längsschnittdaten                    │   │
│   │  ╭───────────────────────────────────╮  │   │
│   │  │ Beobachtungseinheiten:            │  │   │
│   │  │ - Elemente/Individuen             │  │   │
│   │  │ - Aggregate von Elementen         │  │   │
│   │  │  ╭─────────────────────────────╮  │  │   │
│   │  │  │ Variablen:                  │  │  │   │
│   │  │  │ - metrisch/kategorial       │  │  │   │
│   │  │  │ - manifest/latent           │  │  │   │
│   │  │  ╰─────────────────────────────╯  │  │   │
│   │  ╰───────────────────────────────────╯  │   │
│   ╰─────────────────────────────────────────╯   │
└─────────────────────────────────────────────────┘
```

weise einfaches Modell ist die lineare Regression: Bei z. B. vier erklärenden (exogenen) Variablen und einer abhängigen (endogenen) Variable (fünf Variablen im Modell) sind insgesamt nur 15 Parameter zu schätzen. Ein weiteres Beispiel soll den Sachverhalt der Modellkomplexität weiter verdeutlichen: Ein Instrument mit insgesamt 44 Variablen/Indikatoren (z. B. die BFI-Persönlichkeitsskala) liefert gesamt 990 empirische Informationen über Varianzen und Kovarianzen. Um die Indikatoren im Rahmen der explorativen Faktorenanalyse (EFA) hinsichtlich fünf unterstellter Faktoren (z. B. Persönlichkeitsdimensionen) zu analysieren, müssen im Modell immerhin 254 Parameter geschätzt werden. Diese Zahlen kann man nun auch in Bezug zur Stichprobengröße setzen: Werden 100, 250, oder mehr als 1000 Fälle (n) für eine hinreichend stabile Schätzung der Populationsparameter nötig sein?

Eine zentrale empirische Frage ist daher stets die hinreichende **Stichprobengröße** (n) für SEM (vgl. ausführlicher z. B. Urban & Mayerl, 2014, Kap. 3.3; Muthén & Muthén, 2002; Wolf et al., 2013). Die Frage ließe sich hypothetisch auch so formulieren: Reicht die empirische Information einer Stichprobe aus, damit die statistische Schätzung hinreichend stabile Parameter (d. h. Korrelationen, Faktorladungen, Regressionsparameter, Residualvarianzen) für das Modell liefert? Dieser Aspekt spricht also die Stabilität der Modellparameter an, deren Standardfehler sowie die χ^2-Statistik. Die erforderliche Stichprobengröße ist außerdem unweigerlich verbunden mit der Auswahl möglicher **Schätzverfahren** zur Bestimmung der Modellparameter in SEM (s. dazu ausführlicher Kap. 8.3).

8.2 SEM für welche Daten?

Die wohl einfachste und gleichzeitig sehr grobe Regel hinsichtlich der erforderlichen Stichprobengröße bezieht sich auf das zu untersuchende SEM und dessen **Modellkomplexität**: Sind Variablen „gut" gemessen (d. h. kann hohe Reliabilität angenommen werden), sind die Zusammenhänge zwischen Variablen vermutlich „stark" (d. h. bedeutsame Zusammenhänge sind zu erwarten) und ist das Modell „sparsam" (d. h. wenige Parameter müssen geschätzt werden), dann sind auch „kleine" Stichprobengrößen ausreichend. Selbstverständlich gilt ungeachtet verallgemeinerbarer Kriterien: Eine größere Fallzahl pro zu schätzendem Parameter erhöht die Stabilität der Ergebnisse und verhindert Schätzprobleme, wie keine Lösung zu erhalten bzw. keine Konvergenz des Schätzverfahrens oder „paradoxe" Ergebnisse, sogenannte „Heywood Cases" (s. Kap. 8.7). **Zu kleine Stichproben** liefern folglich instabile Modellparameter und führen zu Schätz- oder Konvergenzproblemen. Zusätzlich führen kleine Stichprobenumfänge ($n < 100$) für gewöhnlich dazu, dass ein SEM im Sinne des globalen Modelltests (χ^2-Test, s. Kap. 8.1) häufiger, jedoch fälschlicherweise als korrekt akzeptiert wird (s. Urban & Mayerl, 2014, S. 105).

Was ist nun eine „**ausreichende Fallzahl**"? Eine Auswahl an Simulationsstudien soll diese Frage näher, wenngleich nicht abschließend beantworten: Für sehr „einfache" SEM mit strikt normalverteilten und hoch reliablen Variablen dürften sogar relativ kleine Fallzahlen ($n > 50$) ausreichen, um mittels der ML-Schätzmethode unverzerrte Ergebnisse zu erhalten (vgl. Urban & Mayerl, 2014, S. 107). Durchschnittlich starke positive Wölbung/Kurtosis (steilgipflige Verteilung) der Indikatoren erhöht wiederum die erforderliche Fallzahl und erfordert in der Regel robuste ML-Schätzer (s. Kap. 8.3). Andere Simulationsstudien legen jedoch nahe, dass $n > 250$ Fälle benötigt werden, um Korrelationen manifester Variablen mit hinreichend hoher Stabilität (Robustheit) aus Stichproben zu schätzen (Schönbrodt & Perugini, 2013). Fallzahlen von cirka $n > 250$ scheinen ebenfalls nötig, um selbst schwache Korrelationen zwischen latenten Faktoren aufzufinden (Muthén & Muthén, 2002). Für hinreichend stabile Faktorladungen in explorativen Faktorenanalysen (EFA) umfangreicher Instrumente, d. h. mit hoher Zahl an Indikatoren ($K > 40$), scheinen hingegen $n > 1000$ Fälle angebracht (Hirschfeld et al., 2014). Sollen generell **latente Variablen** in das Modell aufgenommen werden, sind für jeden weiteren Faktor in aller Regel direkt proportional mehr Fälle erforderlich. Eine größere Zahl an Indikatoren für latente Variablen (Faktoren) kann wiederum teilweise die Instabilität aufgrund geringer Stichprobengrößen kompensieren, da schlichtweg mehr Information vorliegt, um die gesuchten Parameter zu schätzen (Wolf et al., 2013).

Die erforderliche Fallzahl (n) wird daher – zusammenfassend gesprochen:

- höher durch die Zahl der latenten Variablen/Faktoren (J) im Modell
- geringer bei höherer Zahl an Indikatoren pro Faktor (K/J)
- geringer bei größeren (standardisierten) Faktorladungen ($|\tilde{\gamma}|$) bzw. hoher Reliabilität
- höher durch das Ausmaß der Wölbung/Kurtosis (W) in den Indikatoren.

Für die ML-Schätzung nennen Urban und Mayerl (2014, S. 108) bspw. bei Faktorladungen $|\tilde{\gamma}| \geq 0.50$, Wölbung = 0, dem Verhältnis $K/J = 4$, dass $n = 400$ empfohlen wird, wobei bereits meist $n > 200$ ausreichend ist. Generell scheinen Fallzahlen (n) zwischen 200 und 400 mit der ML-Schätzung bereits zu robusten Ergebnissen zu führen (Urban & Mayerl, 2014).

In Bezug auf die Durchführbarkeit einer Analyse mit SEM stellen sich somit die wesentlichen Fragen: Wie hoch ist die Zahl der verfügbaren Fälle (n)? Wie viele Variablen sollen untersucht werden? Werden nur manifeste Variablen berücksichtigt oder auch latente Variablen? Sind die Variablen annähernd normalverteilt oder nicht? Die Antworten auf diese Fragen zur Datenstruktur und Zielsetzung definieren schließlich, wann die Anwendung von SEM prinzipiell sinnvoll ist und welches **Schätzverfahren** zum Einsatz kommen sollte. Letztere werden im nächsten Abschnitt (Kap. 8.3) besprochen.

8.3 Datenstruktur und Schätzverfahren in Stata

Tabelle 11 gibt eine Übersicht über **Schätzverfahren** zur Ermittlung der gesuchten **Modellparameter**, d. h. Regressionskoeffizienten, Faktorladungen, Kovarianzen und Varianzen, die für den sem Befehl in Stata (Version 14) zur Verfügung stehen. Die Sinnhaftigkeit und Effizienz einer Schätzmethode hängt dabei stark von der vorhandenen **Datenstruktur** ab, d. h. Fallzahl bzw. Stichprobengröße, Abweichung von metrischem Messniveau und/oder Normalverteilung sowie das Auftreten fehlender Werte. Generell lässt sich nämlich sagen, dass die in SEM zentrale χ^2-Statistik stark abhängig ist von der Verteilung der Daten (s. Reinecke, 2014, Kap. 6.6.1).

Ähnliches gilt für Verfahren zur **Varianzschätzung** der eben genannten Modellparameter. Diese Verfahren versuchen die theoretische Schwankung der geschätzten Modellparameter aus einer Stichprobe abzuschätzen (= **VCE**, *variance-covariance matrix of the estimators*), um Aussagen über die Größe der Standardfehler bzw. Aussagen über statistische Signifikanz der Parameter zu treffen (s. Tabelle 12).

8.3 Datenstruktur und Schätzverfahren in Stata

Tabelle 11 Verfahren zur Parameterschätzung in linearen SEM in Stata

Option	Bedeutung
, method(ml)	Maximum-Likelihood (ML): basiert auf der Annahme einer multivariaten Normalverteilung (= Default in Stata).
, method(adf)	Asymptotically distribution free (ADF) oder auch verteilungsfreie Schätzung (= WLS, *weighted least squares*) (Browne, 1984): Schätzung ohne Annahme einer multivariaten Normalverteilung.
, method(mlmv)	ML-Schätzung für fehlende Werte (*missing values*) mittels Full-Information Maximum-Likelihood (FIML) Schätzung (vgl. Enders, 2001): Annahme des missing at random (MAR oder MCAR), andernfalls erfolgt ein listenweiser Fallausschluss.

Tabelle 12 Verfahren zur Varianzschätzung (Standardfehler) in linearen SEM in Stata

Option	Bedeutung
, vce(oim)	Default in Stata (OIM, *observed information matrix*). Standardfehler bei ML-Schätzung basieren auf der Annahme multivariater Normalverteilung.
, vce(sbentler)	Satorra-Bentler-Schätzer (Satorra & Bentler, 1994) der ML-Schätzung (seit Stata Version 14): robust gegenüber nicht-normalverteilten Variablen. Liefert korrigierte Standardfehler und den adjustierten (skalierten) Satorra-Bentler-χ^2-Test.
, vce(robust)	Quasi-ML-Schätzung (QML), auch genannt „Huber/White/Sandwich"-Schätzer (vgl. White, 1980): liefert robuste Standardfehler auch bei Heteroskedastizität der Residuen oder Autokorrelation, jedoch keinen χ^2-Test.
, vce(bootstrap, reps(#))	Varianzschätzung bzw. Berechnung der Standardfehler mittels Bootstrap-Methode (Efron, 1979): reps(#) definiert die Anzahl der Replikationen bzw. Ziehungen (Default = 50).

Abweichungen von einer Normalverteilung der Variablen spielen bei der Auswahl des Schätzverfahrens somit eine wichtige Rolle. Wie erwähnt, wird in dem am häufigsten verwendeten ML-Schätzverfahren unterstellt, dass die Variablen im Modell kontinuierlich sind und einer gemeinsamen, d. h. multivariaten Normalverteilung unterliegen. Die **univariate Normalverteilung** kann zunächst in Stata mit dem Test von Shapiro und Francia (1972) für die Nullhypothese, dass eine Normalverteilung vorliegt, geprüft werden:

sfrancia *varlist*

Die Nullhypothese einer **multivariaten Normalverteilung** kann bspw. mittels Doornik-Hansen-Test (Doornik & Hansen, 2008) überprüft werden:

mvtest normality *varlist*

Liegt keine (multivariate) **Normalverteilung** vor – was, wie weiter oben angedeutet, in sozialwissenschaftlichen Daten meist der Fall ist – führt die defaultmäßig eingesetzte ML-Schätzung in aller Regel zu inflationierten (zu hohen) χ^2-Werten, hingegen sind die für Signifikanztests herangezogenen Standardfehler der Parameter deflationiert (zu gering) bzw. sind z-Werte zu hoch (s. Urban & Mayerl, 2014, S. 141). Insofern sind auch gebräuchliche Gütemaße (d. h. Fit-Maße basierend auf dem χ^2-Wert) in aller Regel betroffen, d. h. in Richtung „unzureichender Fit" verzerrt. Die Folge ist, dass auch ein im Grunde korrekt spezifiziertes Modell im Fall nicht normalverteilter Variablen eher abgelehnt wird, d. h. die globale Nullhypothese des Modells wird häufiger zurückgewiesen, obwohl sie in Wirklichkeit wahr ist, und die Modellparameter werden häufiger als „signifikant" angesehen (Fehler 1. Art). Generell gilt jedoch, dass zumindest die Parameterschätzer bei sehr großen Stichproben ($n > 1000$) kaum von den Verteilungsvoraussetzungen betroffen sind, die Inferenzstatistik bzw. Varianzschätzung hingegen schon (s. Reinecke, 2014, S. 114). Welche Alternativen bieten sich nun?

Eine sehr gute Alternative bietet die (seit Version 14) in Stata verfügbare robuste Schätzmethode nach Satorra und Bentler (1994) oder **SB-Schätzung**, eine Form der ML-Schätzung, die Abweichungen der Variablenverteilungen von einer Normalverteilung berücksichtigt. Das Schätzverfahren liefert zur Standard-ML-Schätzung idente Modellparameter, jedoch korrigierte Standardfehler und den adjustierten (skalierten) SB-χ^2-Test. Die robuste SB-Schätzung wird bspw. von Finney und DiStefano (2006) sowie Urban und Mayerl (2014) im Fall nicht perfekt normalverteilter oder auch ordinaler, aber quasi-metrischer Indikatoren empfohlen (bei zumindest $n > 200$). So haben auch **ordinal skalierte Variablen** eine Abweichung von der Normalverteilung zur Folge und die Anwendung des linearen

Modells bzw. die Beschreibung über Pearson-Korrelationen wird generell problematisch (Finney & DiStefano, 2006). Die Folge einer groben Kategorisierung von Variablen bzw. Indikatoren ist, dass Pearson-Korrelationen, Regressionskoeffizienten und Faktorladungen in Folge tendenziell vermindert sind (*attenuation*) und nähern sich der Verteilung theoretisch zugrunde liegender kontinuierlicher Variablen immer mehr an, je mehr Kategorien vorhanden sind. Variablen sollten, so zeigen Simulationen, zumindest fünf quasi-metrische ordinale Kategorien aufweisen, um für die ML-Schätzung geeignet zu sein (vgl. Finney & DiStefano, 2006; Rhemtulla et al., 2012). Dennoch sollte auch für diesen Fall die robuste **SB-Schätzung** verwendet werden.

Die **asymptotically distribution free** (ADF) oder auch **verteilungsfreie Schätzung** (= WLS, *weighted least squares*) (Browne, 1984) basiert nicht auf der Annahme einer multivariaten Normalverteilung der Variablen. Das Schätzverfahren liefert auch von der ML-Schätzung abweichende Modellparameter und χ^2-Werte. Für den **ADF-Schätzer** (WLS) gilt jedoch, dass deutlich höhere Fallzahlen für eine robuste Schätzung erforderlich sind (zumindest $n > 2000$ oder mehr) als für die Varianten der ML-Schätzung (Boomsma & Hoogland, 2001). Da die WLS-Schätzung (ADF) auch weniger sensitiv gegenüber Misspezifikationen ist, wird deren Anwendung in der aktuelleren Literatur jedoch kaum empfohlen (s. Finney & DiStefano, 2006, S. 300). Zusammenfassend sollte daher für lineare SEM in Stata in aller Regel der robusten Satorra-Bentler-ML-Schätzmethode (SB-Schätzung) der Vorzug eingeräumt werden, wenn Daten entweder nicht perfekt normalverteilt sind und/oder quasi-metrische ordinale Variablen mit analysiert werden.

Der am weitesten verbreitete Ansatz zur **Analyse bei fehlenden Werten** (Missings) in SEM ist in der Literatur bekannt als Full-Information Maximum-Likelihood (FIML) Schätzung (vgl. Enders, 2001), wird in Stata jedoch als method(mlmv) bezeichnet (*ML with missing values*). Diese bietet sich immer dann an, wenn zumindest die Annahme des „missing-at-random" (MAR) zutrifft. Der FIML-Ansatz ist im Fall von MAR unverzerrt und effizienter als listenweiser Fallausschluss, paarweiser Fallausschluss oder bspw. Mittelwert-Imputation, insbesondere bei hohem Missing-Anteil (bis zu 25%) (Enders & Bandalos, 2001). Multipel imputierte Daten können jedoch derzeit (Version 14) nicht mit dem sem Befehl, etwa über mi estimate:, bearbeitet werden. Modelle konvergieren zwar mit FIML seltener, wenn der Anteil an Missings hoch ist, allerdings ist dies bei großer Fallzahl weniger ein Problem (Enders & Bandalos, 2001). Die FIML-Methode kann in Stata derzeit (Version 14) jedoch nicht mit der SB-Schätzmethode kombiniert werden.

Robuste Standardfehler über die Option vce(robust) sollen generell Probleme der Heteroskedastizität korrigieren (Varianzen der Residuen sind in Gruppen von Beobachtungen unterschiedlich bzw. verändern sich mit dem Level exogener Variablen). Sowohl Heteroskedastizität als auch Autokorrelation (bei Daten mit Zeitdimension) verletzen die Annahme gleicher Varianzen der Residuen sowie die Annahme, dass Residuenkovarianzen 0 sind (s. Verbeek, 2012, S. 80). Während in diesem Fall zwar die Parameterschätzer konsistent sind, sind Standardfehler in Folge falsch. Ein Hinweis darauf sind etwaige Abweichungen klassischer von „robusten" Standardfehlern (vgl. King & Roberts, 2015).

Zur korrekten Schätzung von Standardfehlern kann zusätzlich zur FIML-Methode bspw. mit der **Bootstrap-Methode** gearbeitet werden, ein rechenintensives Resampling-Verfahren zur Varianzschätzung (Efron, 1979). Die **Bootstrap-Methode** wurde wiederholt für die korrekte Schätzung der Standardfehler indirekter Effekte in der Mediationsanalyse anstatt der parametrischen ML-Delta-Methode (Sobel, 1987) empfohlen. Dies gilt insbesondere, wenn kleine Stichproben vorliegen, womit sich eine Abweichung von der multivariaten Normalverteilung stärker auswirkt, oder mehrere Mediatorvariablen geprüft werden (vgl. Preacher & Hayes, 2008).

Die oben genannten Verfahren zur Parameter- und Varianzschätzung können in Stata schließlich wie folgt kombiniert werden (s. Tabelle 13; StataCorp, 2015: Specifying method and calculation of VCE):

Tabelle 13 Kombinationen der Verfahren zur Parameter- und Varianzschätzung in Stata

	oim	sbentler	robust	bootstrap	(svy:sem)*
ml (= ML)	×	×	×	×	×
mlmv (= FIML)	×		×	×	×
adf (= WLS)	×			×	

(* Anm.: Verwendet Taylor-Linearisierung zur Varianzschätzung)

8.4 Bedingungen der Modellschätzung: Identifikation des Modells

Eine zentrale Bedingung für die Schätzung eines Modells und dessen interessierende Parameter, z. b. im Rahmen von SEM, ist dessen **Identifikation**. Identifikation eines Modells bedeutet übersetzt: Welche und wie viele Parameter im Modell (der Anzahl t) werden frei geschätzt und ist hierfür hinreichend empirische Information vorhanden?

Konkret sind folgende Parameter (t) in jedem SEM zu schätzen:

- Varianzen exogener Variablen ϕ_{kk} in der Matrix Φ
- Kovarianzen exogener Variablen $\phi_{kk'}$ in der Matrix Φ
- Regressionsparameter (Faktorladungen) γ oder β in den Matrizen Γ oder B
- Residualvarianzen ψ_{kk} in der Matrix Ψ
- Residuenkovarianzen bzw. Kovarianzen endogener Variablen $\psi_{kk'}$ in Matrix Ψ. Üblich ist jedoch die Annahme Cov($\varepsilon_k, \varepsilon_{k'}$) = Cov($\zeta$) = 0, d. h. Ψ ist eine Diagonalmatrix und daher ist eine Schätzung dieser Parameter meist nicht erforderlich.

Die **Identifikationsregel** beschreibt nun das Verhältnis zwischen empirischer Information vs. zu schätzender Parameter (t). Bei K gemessenen Variablen im Modell erhält man empirisch:

$$\frac{K(K + 1)}{2} \text{ (Ko-)Varianzen}$$

Das heißt, 4 Variablen im Modell ergeben 4(4+1)/2 = 10 Informationen über (Ko-)Varianzen, genauer 4 Varianzen und 6 Kovarianzen.

Es gilt die Regel, dass ein Modell dann (gerade) identifiziert ist, wenn:

$$t \leq \frac{K(K + 1)}{2}$$

Die „**Freiheitsgrade**" (*degrees of freedom*, kurz: *d.f.*) eines Modells ergeben sich schließlich aus (vgl. Jöreskog, 1978):

d.f. = Informationen – Modellparameter

$$d.f. = \frac{K(K + 1)}{2} - t$$

Die **Besonderheit des einfachen Regressionsmodells** (bzw. eines Modells mit nur einer Gleichung) ist, dass immer *d.f.* = 0 gilt. Somit ist das Modell ein sogenanntes saturiertes Modell („saturated model") und immer identifiziert (s. Saris & Stronkhorst, 1984, S. 138). Als Beispiel nehmen wir ein lineares Regressionsmodell mit 4 erklärenden (exogenen) Variablen und 1 abhängigen (endogenen) Variable (Gesamt 5 Variablen), somit:

$$\frac{K(K+1)}{2} = \frac{5(5+1)}{2} = 15 \text{ Informationen}$$

Die Zahl frei zu schätzender Parameter (wie gezeigt wird, gesamt $t = 15$) ergibt sich aus:

- Varianzen exogener Variablen = 4
- Kovarianzen exogener Variablen = 6
- Regressionsparameter = 4
- Residualvarianzen = 1
- (Residuenkovarianzen bzw. Kovarianzen endogener Variablen = 0).

Daher ist $d.f. = 0$, womit das einfache lineare Regressionsmodell (mit einer Gleichung) zwar exakt identifiziert ist, aber nicht im Sinne von H_0: $\Sigma = \Sigma(\theta)$ getestet werden kann, da die Übereinstimmung perfekt ist.

Wie bereits erwähnt, werden in SEM (Pfadmodelle, Faktorenanalyse und deren Kombination) die unterstellten Zusammenhänge jedoch nicht immer zu einer perfekten **Übereinstimmung der modellimplizierten mit der empirischen Stichprobenkovarianzmatrix** führen und daher gilt üblicherweise $\Sigma \neq \Sigma(\theta)$. Dieses Faktum folgt in SEM aus der Modellspezifikation mit expliziter Definition bestimmter Modellrestriktionen, z.B. dem Auslassen bzw. auf 0 Setzen direkter Effekte (volle Mediation) einer Variablen oder dem Auslassen von Kreuzladungen (CFA) (s. Kap. 8.5). Das Ausmaß der Diskrepanz zwischen modellimplizierter und empirischer Stichprobenkovarianzmatrix wird schließlich über eine Form des χ^2-Tests (s. Kap. 9.1) sowie über alternative Gütemaße (s. Kap. 9.2) evaluiert.

8.5 SEM als globaler Test von Modellrestriktionen

SEM haben das Ziel, zu testen (oder zumindest zu bemessen), inwieweit ein hypothetisch unterstelltes Modell und empirisch gewonnene Daten übereinstimmen, d.h. anders gesprochen, wie gut eine modellimplizierte die empirische Stichprobenkovarianzmatrix reproduziert. Zentral dafür sind die hypothetisch unterstellten Zusammenhänge als implizite oder explizite **Restriktionen** (auf 0 gesetzte oder gleich gesetzte Parameter) (s. dazu auch Kap. 8.1).

8.5 SEM als globaler Test von Modellrestriktionen

Für gewöhnlich – so auch in Stata – gelten folgende defaultmäßig verwendete Restriktionen bzw. Freisetzungen in SEM:

- Alle nicht spezifizierten gerichteten Pfade werden auf 0 gesetzt, d. h. nicht geschätzt.
- Alle Kovarianzen zwischen exogenen Variablen werden geschätzt.
- Kovarianzen zwischen Residuen (bzw. Zusammenhänge zwischen endogenen Variablen) werden nicht geschätzt, d. h. auf 0 gesetzt.

Parameterrestriktionen die nicht defaultmäßig restringiert (d. h. auf 0 gesetzt) sind, müssen explizit spezifiziert werden. Das Einführen von Modellrestriktionen in Stata erfolgt im `sem` Befehl unmittelbar in der Definition der Pfade bzw. als Option mittels des Symbols @ (s. Tabelle 14).

Wir betrachten das Beispiel eines Pfadmodells weiter oben (s. Abbildung 8, auf S. 49), das folgende Zusammenhänge unterstellt hat:

$y_1 = \alpha_1 + \beta_{12} y_2 + \beta_{13} y_3 + \varepsilon_1$

$y_2 = \alpha_2 + \beta_{23} y_3 + \gamma_{21} x_1 + \varepsilon_2$

$y_3 = \alpha_3 + \gamma_{31} x_1 + \varepsilon_3$

Tabelle 14 Beispiele für das Einführen von Modellrestriktionen in SEM in Stata

Option/Restriktion	Bedeutung
(Xi -> y@#)	Eine Faktorladung wird auf # (z. B. 1) gesetzt.
(x@# -> y)	Der Regressionskoeffizient wird auf # gesetzt.
(Xi -> y1@A y2@A)	Parameter über ein Symbol (z. B. „A") gleich gesetzt.
(x _cons@0 -> y)	Die Konstante (α) in der Gleichung (hier: für „y") wird auf # (z. B. 0) gesetzt.
, cov(Xi1*Xi2@0)	Die Kovarianz exogener Variablen soll 0 sein.
, var(Xi@1)	Die Varianz einer latenten Variablen soll 1 sein.
, means(Xi@0)	Der Mittelwert einer latenten Variablen soll auf den Wert # (z. B. 0) gesetzt werden.

mit den entsprechenden Matrizen:

$$\mathbf{B} = \begin{bmatrix} 0 & \beta_{12} & \beta_{13} \\ 0 & 0 & \beta_{23} \\ 0 & 0 & 0 \end{bmatrix}, \mathbf{\Gamma} = \begin{bmatrix} 0 \\ \gamma_{21} \\ \gamma_{31} \end{bmatrix}, \mathbf{\Phi} = [\phi_{11}], \mathbf{\Psi} = \begin{bmatrix} \psi_{11} & 0 & 0 \\ 0 & \psi_{22} & 0 \\ 0 & 0 & \psi_{33} \end{bmatrix}$$

Restriktionen in Matrix **B** und Ψ sind für gewöhnlich nötig, um das Modell überhaupt zu **identifizieren** und ergeben ein sogenanntes „**rekursives Modell**": keine reziproken Pfade in **B**, z. B. β_{12} aber nicht gleichzeitig β_{21}, keine Regression auf sich selbst, d. h. Diagonaleinträge sind 0, und keine Residuenkovarianzen in Ψ, sofern gleichzeitig ein gerichteter Effekt geschätzt wurde. In Matrix Γ wurde jedoch bewusst eine Restriktion eingeführt, nämlich $\gamma_{11} = 0$. In diesem Fall wird somit 1 Freiheitsgrad „gewonnen" (*d.f.* = 1). Sind mehrere Restriktionen im Modell vorhanden, erhöht sich die Zahl der **Freiheitsgrade** weiter.

Das genannte Modell basiert auf 1 exogenen Variablen und 3 endogenen Variablen (insgesamt 4 Variablen) und liefert somit 10 Informationen. Die Zahl der zu schätzenden Parameter (insgesamt *t* = 9) ergibt sich in dem Beispiel aus:

- Varianzen exogener Variablen = 1
- Kovarianzen exogener Variablen = 0
- Regressionsparameter = 5
- Residualvarianzen = 3
- (Residuenkovarianzen bzw. Kovarianzen endogener Variablen = 0).

Daher ist *d.f.* = 1 und das Modell kann mittels χ^2-Test im Sinne von H_0: $\Sigma = \Sigma(\theta)$ getestet werden. Bei *d.f.* = 1 ist der χ^2-Test jedoch ident mit einem einfachen Signifikanz-Test (z-Test) des einzigen restringierten Parameters (hier: H_0: $\gamma_{11} = 0$).

8.6 Testen einzelner Modellparameter

In SEM können auch einzelne Parameter im Nachhinein (ex-post) getestet werden, etwa die Frage, ob zwei Regressionskoeffizienten ident sind, z. B. für das Modell

$$y = \alpha + \gamma_1 x_1 + \gamma_2 x_2 + \varepsilon$$

ob sich Regressionskoeffizienten statistisch signifikant voneinander unterscheiden (H_0: $\gamma_1 - \gamma_2 = 0$). Wie diese Parameter im Modell in Stata angesprochen werden können, ist über die Legende der Koeffizienten (deren Name in Spalte „Legend") ersichtlich (s. Beispiel 17):

sem paths …, coeflegend

Beispiel 17 Testen einzelner Modellparameter

```
. sem (y <- x1 x2), cformat(%4.3f) coeflegend noheader nodescribe

Fitting target model:

Iteration 0:   log likelihood = -4727.7048
Iteration 1:   log likelihood = -4727.7048
-----------------------------------------------------------
             |    Coef.  Legend
-------------+---------------------------------------------
Structural   |
  y <-       |
          x1 |    0.289  _b[y:x1]
          x2 |    0.152  _b[y:x2]
       _cons |    0.524  _b[y:_cons]
-------------+---------------------------------------------
      var(e.y)|   19.893  _b[var(e.y):_cons]
-----------------------------------------------------------
LR test of model vs. saturated: chi2(0)   =     0.00, Prob > chi2 =     .

. test _b[y:x1]=_b[y:x2]

 ( 1)  [y]x1 - [y]x2 = 0

         chi2(  1) =    7.29
       Prob > chi2 =    0.0069
```

Die Hypothese über die beiden **unstandardisierten** Regressionskoeffizienten (H$_0$: $\gamma_1 - \gamma_2 = 0$) bzw. ein Test über unstandardisierte Parameter generell könnte wie folgt über einen **Wald-Test** (ein χ^2-Test) geprüft werden:

```
test _b[y:x1]=_b[y:x2]
```

Der χ^2-Wert für den Wald-Test bei $d.f. = 1$ ($\chi^2_{(1)} = 7.29$) in Beispiel 17 besagt in diesem Fall, dass die Nullhypothese (H$_0$: $\gamma_1 - \gamma_2 = 0$) sehr unwahrscheinlich ist ($p = .0069$) und daher abgelehnt werden sollte. Diese Art von Test bezieht sich jeweils auf die ursprüngliche Metrik der Variablen. Ein Test der **standardisierten** Regressionskoeffizienten (im Beispiel H$_0$: $\tilde{\gamma}_1 - \tilde{\gamma}_2 = 0$) bzw. für standardisierte Parameter generell erfolgt hingegen in Stata über (mit Leerzeichen nach `stdize:` und `test`):

```
estat stdize: test _b[y:x1]=_b[y:x2]
```

8.7 Probleme während und nach der Modellschätzung

Es gibt Fälle in denen ein SEM zwar statistisch identifiziert ist, wo allerdings die empirische Datenstruktur zu Schätzproblemen führen kann, das Modell also empirisch unzureichend identifiziert ist. Ein Grund können z. B. zu geringe Korrelationen zwischen Indikatoren sein, was oftmals zu Problemen in der Faktorenanalyse führt. Mögliche **Probleme während der Modellschätzung** (d. h. während die Modellparameter berechnet werden sollen) sind, dass ein gewähltes Schätzverfahren erst gar nicht zu einem eindeutigen Ergebnis kommt, d. h. das Modell „konvergiert" nicht (s. dazu ausführlicher StataCorp, 2015: Convergence problems and how to solve them). Der Log-Likelihood-Wert oder die Diskrepanzfunktion ändert sich nicht mehr, aber die Iteration kommt zu keinem Ergebnis (Stata-Output: „not concave") (s. Beispiel 18). In diesem Fall muss der Versuch der Berechnung abgebrochen werden (über das Symbol „Break" im Menü).

Die Zahl der tatsächlich durchgeführten Iterationen ließe sich auch a priori beschränken über:

```
sem paths …, iterate(#)
```

Ein Problem kann sein, dass die geschätzte Kovarianzmatrix nicht „vollen Rang" hat (s. Beispiel 19) und damit nicht invertierbar ist bzw. nicht zur Berechnung der Modellparameter (s. Kap. 4.4) geeignet ist.

8.7 Probleme während und nach der Modellschätzung

Beispiel 18 Problem während der Modellschätzung (keine Konvergenz)

```
Iteration 1: log likelihood = ...
...
Iteration 26:   log likelihood = -7456.9828    (not concave)
Iteration 27:   log likelihood = -7456.9828    (not concave)
Iteration 28:   log likelihood = -7456.9828    (not concave)
Iteration 29:   log likelihood = -7456.9828    (not concave)
Iteration 30:   log likelihood = -7456.9828    (not concave)
Iteration 31:   log likelihood = -7456.9828    (not concave)
--Break--
r(1); }
```

Beispiel 19 Problem während der Modellschätzung (keine adäquate Schätzung möglich)

```
...
Note: The LR test of model vs. saturated is not reported because the fitted
model is not full rank.
```

Das Modell sollte dann nach Möglichkeit vereinfacht werden, d. h. eine Zerlegung von Teilen des Modells, um die Ursache oder den Ort des Problems in der Schätzung zu lokalisieren. Findet das Modell erst nach langen iterativen Schritten eine Lösung und konvergiert, können weitere **Probleme nach der Modellschätzung** vorliegen, die sich bspw. in sehr großen oder kleinen Standardfehlern äußern. In beiden Fällen sollte für das Modell untersucht werden, ob alle Pfade korrekt spezifiziert wurden und ob das Modell tatsächlich identifiziert ist. Gegebenenfalls sollte auch die Variablencodierung in den Daten überprüft werden (z. B. ausgelassene fehlende Werte, etc.).

Ein weiteres bekanntes Problem nach der Modellschätzung in SEM ist ein sogenannter „Heywood Case". Dies sind allgemein Schätzergebnisse mit Residualvarianzen kleiner 0, d. h. $\psi < 0$, oder auch standardisierte Regressionskoeffizienten bzw. standardisierte Faktorladungen größer als 1, d. h. $|\tilde{\gamma}| > 1$ oder $|\tilde{\beta}| > 1$ (vgl. Chen et al., 2001). Das Phänomen tritt häufiger in der Faktorenanalyse bzw. in Modellen mit latenten Variablen auf (s. Kap. 6) und in Stata öfter nach der EFA (s. Beispiel 20). Eine mögliche Lösung für SEM, wenn bspw. ein nicht-konvergiertes Modell dies nahe legt, wäre das Fixieren einer betroffenen Residualvarianz auf 0. Das bedeutet in Stata die Option:

sem paths ..., var(e.varname@0)

Beispiel 20 Probleme nach der Modellschätzung (Heywood Case)

```
Factor analysis/correlation              Number of obs    =    2,866
Method: maximum likelihood               Retained factors =        4
Rotation: (unrotated)                    Number of params =       30
                                         Schwarz's BIC    =  246.776
Log likelihood = -3.977826               (Akaike's) AIC   =  67.9557

Beware: solution is a Heywood case
        (i.e., invalid or boundary values of uniqueness)

    -------------------------------------------------------------------
        Factor  |  Eigenvalue   Difference    Proportion   Cumulative
    ------------+------------------------------------------------------
        Factor1 |     1.18739     -1.45581        0.2565       0.2565
        Factor2 |     2.64321      2.02558        0.5711       0.8276
        Factor3 |     0.61762      0.43738        0.1334       0.9611
        Factor4 |     0.18024            .        0.0389       1.0000
    -------------------------------------------------------------------
    LR test: independent vs. saturated:  chi2(36) = 6523.70 Prob>chi2 = 0.0000
    LR test:   4 factors vs. saturated:  chi2(6)  =    7.94 Prob>chi2 = 0.2427
    (tests formally not valid because a Heywood case was encountered)

Factor loadings (pattern matrix) and unique variances

    ----------------------------------------------------------------
        Variable |   Factor1    Factor2    Factor3    Factor4 |  Uniqueness
    -------------+--------------------------------------------+-------------
            ope1 |   -0.0762    -0.2964     0.5022     0.1809 |    0.6215
            ope2 |   -0.1163    -0.1855     0.5529    -0.0311 |    0.6453
            rwa1 |    0.2466     0.2878    -0.0808     0.1542 |    0.8261
            rwa2 |    0.1795     0.3843    -0.1723     0.3282 |    0.6826
            rwa3 |    1.0000    -0.0000     0.0000    -0.0000 |    0.0000
            imm1 |    0.1827     0.6882     0.0160     0.0783 |    0.4866
            imm2 |    0.1120     0.7546     0.0950     0.0168 |    0.4088
            imm3 |    0.1311     0.8486     0.0439    -0.0545 |    0.2577
            imm4 |    0.1092     0.7261     0.1105    -0.0754 |    0.4430
    ----------------------------------------------------------------
```

Modellbewertung und Ergebnispräsentation

9

> **Zusammenfassung**
>
> Dieses Kapitel erläutert die gängige Praxis zur Bestimmung der Modellgüte von SEM als auch die Darstellung von Ergebnissen aus SEM. Zur Bestimmung der Modellgüte wird einerseits der globale Test der Nullhypothese in SEM (X^2-Test) als Vergleich gegenüber einem „perfekten Modell" vorgestellt und, andererseits, alternative Gütemaße für annähernden „Fit". Weiters wird die Praxis und mögliche Gütemaße rund um den Vergleich rivalisierender (alternativ spezifizierter) Modelle beschrieben. Zur Modelldiagnose im Fall eines „schlecht" passenden Modells können schließlich sogenannte Modifikationsindizes sowie Modellresiduen herangezogen werden. Abschließend werden Möglichkeiten der Präsentation substanzieller Ergebnisse im Tabellenformat oder auch innerhalb von Pfaddiagrammen veranschaulicht.

9.1 Modellgüte: Das Testen gegen Alternativmodelle

Allgemein wird nun in der Logik von SEM über einen χ^2-Test untersucht, ob – abstrakt gesprochen – die Parametrisierung des unterstellten Modells Gültigkeit für sich beanspruchen kann. Untersucht wird also die für das theoretische Modell zentrale Frage: „Stimmt das Modell mit den empirisch vorgefundenen Daten überein?" Ein erster wichtiger Anhaltspunkt zur Präsentation der Ergebnisse aus SEM ist damit die globale **Modellgüte** an sich. Manche Autoren meinen, dass hierbei der χ^2-Test über die **Nullhypothese** $H_0: \Sigma = \Sigma(\theta)$ (s. Kap. 8.1) der einzig relevante, da exakte inferenzstatistische Test im Rahmen von SEM ist (Barrett, 2007).

Ein Problem, das hierbei auftritt ist jedoch, dass der χ^2-Test nicht nur sensibel gegenüber dem Grad der Modell-Daten-Diskrepanz ist, sondern auch gegenüber der **Größe der Stichprobe** (vgl. Bentler & Bonett, 1980). Es ist bekannt, dass der globale χ^2-Test bei großen Stichproben (bei etwa $n > 1000$) häufig zu einer Zurückweisung des Modells führt. Das heißt, der p-Wert des Tests wird oft signifikant ($p < .05$) bzw. führt zur Inflation des Fehlers 1. Art. Hingegen bewirken zu niedrige Stichprobenumfänge ($n < 100$) das Gegenteil: die Nullhypothese wird zu selten verworfen (s. Urban & Mayerl, 2014, S. 105). Beide Szenarien führen somit potenziell zu Fehlinterpretationen über die Gültigkeit des Modells. Eine Alternative bieten daher sogenannte **Gütemaße** zur Ermittlung von „annäherndem" Fit bzw. der annähernden Übereinstimmung (s. Kap. 9.2).

Beim χ^2-Test über H$_0$: $\Sigma = \Sigma(\theta)$ werden im Prinzip zwei sogenannte „geschachtelte" Modelle (*nested models*) mit identer Zahl manifester Variablen, jedoch unterschiedlicher Parametrisierung verglichen, um deren Äquivalenz zu prüfen. Im Allgemeinen wird bei Modellvergleichen ein restriktiveres Modell (d.h. mehr restringierte Modellparameter bzw. *d.f.* ist geringer) einem weniger restriktiven Modell gegenübergestellt. Die Evaluation zweier zu vergleichender Modelle erfolgt über die **Differenz in Chi-Quadrat-Werten** $\Delta\chi^2$ (sprich: Delta Chi-Quadrat) und **Differenz in Freiheitsgraden** $\Delta d.f.$ und prüft die statistische Signifikanz ihrer Unterschiedlichkeit bzw. $p(\Delta\chi^2)$. Die Differenz in den χ^2-Werten zweier Modelle basiert für die ML-Schätzung auf dem Likelihood-Ratio-Test, der mit $\Delta d.f.$ wiederum χ^2-verteilt ist (Steiger et al., 1985; s. auch Reinecke, 2014, S. 119f). Beim alternativen SB-Schätzverfahren kommt eine Korrektur für χ^2 und der Differenz $\Delta\chi^2$ zum Tragen (Satorra & Bentler, 2001).

Der **globale Test** für H$_0$: $\Sigma = \Sigma(\theta)$ in SEM erfolgt grundsätzlich über einen Vergleich des **unterstellten Modells** („model") zum „**saturated model**", d.h. ein Modell mit perfektem Fit zu den Daten, das keine Restriktion beinhaltet ($d.f. = 0$) und die Daten daher exakt reproduziert (Stata-Output: „model vs. saturated"). Das Ziel dieses statistischen Tests lautet daher im Unterschied zum sonst üblichen Vorgehen beim Testen von Null-Hypothesen: $p \geq .05$. Andernfalls wäre die Hypothese H$_0$: $\Sigma = \Sigma(\theta)$, nämlich „Modellstruktur entspricht den Daten", zu verwerfen.

Ein weiterer mitgelieferter Test basiert auf einem Vergleich vom „**saturated model**" zum „**baseline model**", d.h. ein Modell in dem alle Pfade zwischen Variablen mit 0 restringiert sind und nur exogene Variablen korrelieren (Stata-Output: „baseline vs. saturated"). Dieser Modellvergleich hat somit wiederum Ähnlichkeit zum F-Test der linearen Regression, wobei im Grunde die allgemeine Relevanz des spezifizierten Modells geprüft wird.

Stata liefert die genannten Modelltests (χ^2-Tests) nach dem sem Befehl einerseits direkt unter der Ergebnistabelle mit Koeffizienten („model vs. saturated") bzw. nach dem Postestimation-Befehl:

```
estat gof
```

9.2 Modellgüte: Fit-Maße

Wie bereits erwähnt, ist der χ^2-Test auch stark abhängig von der Größe der Stichprobe, was häufig zu einer Zurückweisung des Modells führen kann (d.h. $p(\chi^2)$ < .05). In der gängigen Praxis werden daher fast immer zusätzlich alternative Maße zur Beurteilung der Modellgüte, sogenannte **Gütemaße** bzw. **goodness-of-fit-Maße** (kurz: Fit-Maße) herangezogen. Die Logik dieser Maße basiert einerseits auf dem χ^2-Wert und ist einzuteilen in (s. Kap. 9.1): Relativer Fit = spezifiziertes Modell relativ zum Null-Modell („baseline model") oder Absoluter Fit = Abweichung des spezifizierten Modells vom idealen Modell („saturated model"). Andererseits werden Maße auf Basis der (standardisierten) Residuen aus dem Vergleich der Kovarianzmatrizen $S - \Sigma(\theta)$ berechnet. Diese Maße liefern somit in Summe jeweils Hinweise für „annähernde" Modellgüte (auch *incremental fit*).

Eine gesamte Liste der verfügbaren Maße wird in Stata angefordert über:

`estat gof, stats(all)`

Die in der gegenwärtigen Forschung am häufigsten verwendeten **Gütemaße**, die auf einer dieser Logiken basieren, sind ebenfalls in Stata verfügbar (s. Tabelle 15):

- *Comparative Fit Index* (**CFI**) (Bentler, 1990)
- *Tucker-Lewis Index* (**TLI**) (Tucker & Lewis, 1973), auch **NNFI** (*Non-normed Fit Index*) genannt (Bentler & Bonett, 1980)
- *Root Mean Squared Error of Approximation* (**RMSEA**) (Steiger, 1990)
- Das 90%-Konfidenzintervall des RMSEA (90%-KI oder **PCLOSE**) (Browne & Cudeck, 1992)
- *Standardized Root Mean Squared Residual* (**SRMR**) (vgl. Jöreskog & Sörbom, 1981).

Die Maße basieren jeweils auf dem χ^2-Wert einer gewählten Diskrepanzfunktion (einem Schätzverfahren). Sofern bspw. der Satorra-Bentler-Schätzer anstatt Standard-ML-Schätzung verwendet wurde, werden RMSEA, CFI und TLI korrigiert und im Output mit dem Kürzel „SB" ergänzt.

Mit dem Befehl `estat gof, stats(all)` wird zusätzlich der Wert CD (*coefficient of determination*) in SEM geliefert, der ident ist zur letzten Zeile nach dem Befehl `estat eqgof` („overall"). Dies ist eine Art R^2-Wert für das gesamte Modell und soll den erklärten Varianzanteil aller endogenen Variablen wiedergeben (s. StataCorp, 2015: Methods and formulas for sem/Goodness of fit). Der CD-Wert wird jedoch in der Praxis selten verwendet und sollte nicht verwechselt werden mit der durchschnittlich erfassten Varianz (s. Kap. 6.7) oder Reliabilität einer Skala (s. Kap. 6.10).

Tabelle 15 Goodness-of-fit-Maße (Gütemaße) und Interpretation der Kennwerte

Fit-Maß	Zielwerte: gut (akzeptabel)	Erklärung
$p(\chi^2)$	$\geq .05$ (= Alpha-Fehler)	Absoluter Fit als Modelltest von H_0: $\Sigma = \Sigma(\theta)$, d.h. spezifiziertes Modell vs. „saturated model"; χ^2 steigt mit der Stichprobengröße.
CFI	Nahe 1, in etwa $> .95$ ($> .90$)	Relativer Fit: Vergleich zum Null-Modell.
TLI (= NNFI)	Nahe 1, in etwa $> .95$ ($> .90$)	Relativer Fit: belohnt Modellsparsamkeit (geringe Zahl zu schätzender Parameter).
RMSEA 90%-KI des RMSEA	Nahe 0, in etwa $< .05$ ($< .08$) Das 90%-Konfidenzintervall (KI) inkludiert 0 (bzw. Untergrenze $< .05$, die Obergrenze $< .08$).	Absoluter Fit: Abweichung/Fehler der Anpassung. RMSEA ist immer höher, wenn $d.f.$ gering ist (Chen et al., 2008; Kenny et al., 2015).
PCLOSE	Nahe 1	Testet die Wahrscheinlichkeit (p), dass RMSEA $< .05$.
SRMR	Nahe 0, in etwa $< .05$ ($< .08$)	Absoluter Fit: Vergleich der Abweichung der empirischen zur modellimplizierten Kovarianzmatrix über standardisierte Residuen.

(Quelle: Hu & Bentler, 1999; Marsh et al., 2004a; Schermelleh-Engel et al., 2003)

Grundsätzlich sind diese Gütemaße so normiert, dass sie sich an den **Schwellenwerten** nahe 0 bzw. nahe 1 orientieren und erreichen diese Werte in saturierten Modellen (perfekter Fit). Für den TLI können jedoch auch Werte > 1 auftreten, was tendenziell auf eine Überparametrisierung (*overfitting*) des Modells hindeutet, d.h. zu viele nicht „notwendige" Parameter bzw. Parameter mit geringer inhaltlicher Bedeutung wurden geschätzt, was das auf Sparsamkeit abzielende Maß anzeigt. Tabelle 15 erläutert den **Anspruch der Gütemaße** im Sinne der Bewertung von absolutem oder relativem Fit sowie verbreitete **Richtwerte** ihrer Interpretation. Bei der Beschreibung eines Modells ist es daher hinreichend, die genannten Gütemaße in Textform zu präsentieren, wie z.B.:

„Das Modell zeigte folgende Fit-Maße: $\chi^2_{(d.f.)} = ..., p = ..., \text{CFI} = ..., \text{RMSEA} = ...$, etc."

Es sei jedoch erwähnt, dass es de facto keine allgemein gültigen Kriterien für die Bewertung eines Modells anhand dieser grundsätzlich deskriptiven Maße der „annähernden" Modellgüte gibt (Marsh et al., 2004a). Aktuelle, noch kaum verbreitete Bestrebungen versuchen daher, diesem Mangel zu begegnen und die genannten Gütemaße ebenfalls inferenzstatistisch zu deuten (vgl. Yuan et al., 2016). Die gemeinsame Betrachtung aller Maße als Hinweis auf das Ausmaß der Modellgüte ist jedenfalls essenziell.

9.3 Evaluation von Modellvergleichen

Es ist durchaus üblich, mehrere **rivalisierende Modelle**, d.h. Modelle mit unterschiedlicher Parametrisierung, zu vergleichen. Um den Vergleich zu vereinfachen, erscheint es bspw. sinnvoll, eine Tabelle der χ^2-Werte, gängiger Fit-Maße und gegebenenfalls ihrer Differenz zu präsentieren (s. Tabelle 16).

Zunächst kann bei geschachtelten Modellen die **Differenz** $\Delta\chi^2$ und $\Delta d.f.$ bzw. deren statistische Signifikanz $p(\Delta\chi^2)$ inspiziert werden. Zu diesem Zweck werden die Schätzergebnisse von zwei (oder mehr) Modellen nach dem sem Befehl bei Verwendung der ML-Schätzung unter einem beliebigen Namen gespeichert:

```
sem paths1 ...
    estimates store name1
sem paths2 ...
    estimates store name2
```

oder alternativ mittels des Befehls ests to (Jann, 2007):

```
eststo name1: sem paths1 ...
eststo name2: sem paths2 ...
```

Tabelle 16 Beispiel für den Aufbau eines Modellvergleichs mehrerer SEM

Modelle	χ^2	$d.f.$	p	CFI	TLI	RMSEA [90%-KI]	SRMR	AIC	BIC	$\Delta\chi^2$	$p(\Delta\chi^2)$	...
Modell 1	...											
Modell 2	...											
...	...											

Die Modellspezifikationen bzw. die Parameter zweier Modelle (für die H₀: θ_{M_1} = θ_{M_2}) werden danach mittels **Likelihood-Ratio-Test** (χ^2-Differenztest) verglichen:

```
lrtest name1 name2
```

Für den **ADF-Schätzer** (= WLS) muss die Differenz per Hand berechnet werden, da der Befehl lrtest Informationen über die Log-Likelihood (LL), die bei ML-Schätzungen berechnet wird, erwartet. Es können jedoch einfach die Differenzwerte $\Delta\chi^2$ (x) und $\Delta d.f.$ (df) herangezogen und danach der χ^2-Differenztest manuell über die folgende Funktion ermittelt werden:

```
display chi2tail(df, x)
```

Beim alternativen **SB-Schätzverfahren** (Satorra-Bentler-Schätzer) kommt hingegen eine Korrektur für χ^2 und der Differenz $\Delta\chi^2$ um einen **Skalierungsfaktor** c zum Tragen (Satorra & Bentler, 2001). Der dazu benötigte Skalierungsfaktor c aus dem Verhältnis des SB-χ^2-Wertes (χ^2_{SB}) zum konventionellen ML-χ^2-Wert (χ^2_{ML}) sowie der entsprechend skalierte bzw. korrigierte SB-$\Delta\chi^2$-Wert müssen per Hand berechnet werden mit (s. Reinecke, 2014, S. 114 und 120 f):*

$$c = \frac{\chi^2_{ML}}{\chi^2_{SB}}$$

Nach der Spezifikation der zu vergleichenden Modelle und deren Schätzung in Stata können jedoch gespeicherte Modellparameter für die **manuelle Berechnung** des skalierten (Satorra-Bentler) χ^2-Differenztests verwendet werden (s. Kolenikov, 2009, S. 348 f), wobei zunächst das restriktivere, dann das weniger restriktive Modell geschätzt wird, um schließlich positive χ^2-Werte zu erhalten. Am Ende wird in dem Beispiel der gesuchte p-Wert auf vier Nachkommastellen gerundet ausgegeben (s. Beispiel 21).

Da der χ^2-Differenztest generell denselben Schwächen wie der globale χ^2-Test unterliegt, d. h. Sensitivität in Abhängigkeit der Stichprobengröße (vgl. Cheung & Rensvold, 2002), wird oftmals auf die **Differenz in Fit-Maßen** (kurz: ΔGOF, *goodness-of-fit*) zurückgegriffen, um Modellvergleiche zu evaluieren. Hierbei werden bspw. Werte ΔCFI < -.010 (d. h. eine leichte Verschlechterung) als trivial, sprich als nicht substanziell relevant für einen Modellunterschied erachtet (Cheung & Rensvold, 2002).

---

* Vgl. auch: https://www.statmodel.com/chidiff.shtml

9.3 Evaluation von Modellvergleichen

Beispiel 21 Manuelle Berechnung des skalierten (Satorra-Bentler) χ^2-Differenztests

```
sem paths restricted …, vce(sbentler)
scalar T0 = e(chi2sb_ms)
scalar d0 = e(df_ms)
scalar c0 = e(chi2_ms)/e(chi2sb_ms)

sem paths unrestricted …, vce(sbentler)
scalar T1 = e(chi2sb_ms)
scalar d1 = e(df_ms)
scalar c1 = e(chi2_ms)/e(chi2sb_ms)

scalar deltaT = (T0*c0-T1*c1)*(d0-d1) / (c0*d0-c1*d1)
scalar list
display _newline "Skal. Chi2-Diff. = "deltaT ///
_newline "Diff. d.f. = "d0-d1 ///
_newline "p = "as res %5.4f chi2tail(d0-d1, deltaT)
```

Außerdem können **relative Fit-Maße** wie AIC (*Akaike's Information Criterion*) (Akaike, 1987) und BIC (*Bayesian Information Criterion*) (Schwarz, 1978) für den Modellvergleich herangezogen werden, die auf dem Vergleich der Likelihood zweier Modelle basieren. Der BIC-Wert belohnt dabei zusätzlich die Modellsparsamkeit. Diese Maße werden bspw. im Postestimation-Befehl aller Gütemaße mit ausgegeben:

`estat gof, stats(all)`

oder kurz über:

`estat ic`

Bei **geschachtelten Modellen,** bzw. genereller für Modelle mit gleicher Zahl beobachteter Variablen, deuten geringere AIC- und BIC-Werte auf bessere Modellgüte hin, wobei die absoluten Werte für sich keine Bedeutung haben. Der Vorteil der Indizes AIC und BIC ist somit, dass auch nicht hierarchisch zueinander stehende (geschachtelte) Modelle verglichen werden können. AIC und BIC stehen für die ADF-Schätzung (nicht Likelihood-basiert) jedoch nicht zur Verfügung.

Ein spezifisches Problem des Modellvergleichs ganz generell stellen sogenannte **äquivalente Modelle** dar (vgl. Hershberger, 2006; Urban & Mayerl, 2014, Kap. 2.4): allgemein solche Modelle, die eine unterschiedliche (Kausal-)Struktur unterstellen, jedoch exakt gleiche Modellgüte aufweisen bzw. eine idente modellimplizierte Kovarianzmatrix $\Sigma(\theta)$. Die entsprechende Literatur zu diesem Thema liefert auch Möglichkeiten des Auffindens solcher Modelle. Zusammenfassend sollte an dieser Stelle zumindest festgehalten werden, dass ein erkenntnistheoretisches Problem von SEM ist, dass es potenziell immer noch andere Modelle geben könnte, die dasselbe Ergebnis hinsichtlich der Modellgüte liefern.

9.4 Misspezifikation und Modellmodifikation

Weist ein Modell nun laut den weiter oben genannten Kriterien „schlechten" Fit auf, d. h. eine unzureichende Anpassung des Modells an die empirischen Daten, stellt sich die Frage nach einer möglichen und auch theoretisch begründbaren Modifikation des Modells. Der Grund für eine **Misspezifikation** ist für gewöhnlich theoretisch begründet durch: Parameter wurden auf 0 restringiert, obwohl in Population $\neq 0$, oder gleich gesetzt, obwohl ungleich. Allerdings gibt es in aller Regel eine große Zahl möglicher alternativer Modelle zum Ausgangsmodell, das modifiziert werden sollte (Saris et al., 1987). Einen Hinweis zur Diagnose von Misspezifikationen liefern schließlich sogenannte **Modifikationsindizes** (MI) (vgl. Sörbom, 1989). In Stata sind diese MI nach dem sem Befehl (lediglich für ML- oder ADF-Schätzung) abrufbar unter:

```
estat mindices
```

Was zeigen die ausgegebenen Werte an? Der **MI-Wert** ist χ^2-verteilt mit $d.f. = 1$ und zeigt die erwartete **Veränderung** (die Reduktion) des χ^2-Wertes für das Modell, wenn ein zuvor restringierter Parameter nun frei geschätzt würde. Defaultmäßig werden allerdings nur Änderungen ab $\chi^2 \geq 3.84$, d. h. nach herkömmlichem Kriterium signifikante Änderungen ($p < .05$), angezeigt. Dieser auch „Lagrange-Multiplier-Test" genannte Test (s. Reinecke, 2014, S. 121 f) steht bei Verwendung des Satorra-Bentler-Schätzverfahrens (korrigierter χ^2-Test) allerdings nicht zur Verfügung, wenngleich die Muster der MI ähnlich zur ML-Schätzung sein sollten. Außerdem sollte beachtet werden, dass nicht alle der vorgeschlagenen Veränderungen des vorliegenden Modells inhaltlich-theoretisch bzw. hinsichtlich der Struktur der Daten Sinn machen, da rein statistische Kriterien herangezogen werden. Der Wert **EPC** (*expected parameter change*) zeigt schließlich die zu erwartende Änderung in einem Modellparameter (Regressionskoeffizient, Korrelation, etc.) nach dessen Freisetzung – unter Konstanthaltung der anderen Modellparameter – und wird unstandardisiert („EPC") und **standardisiert** („Standard EPC") ausgegeben.

9.4 Misspezifikation und Modellmodifikation

Weitere Interpretationen dieses Vorgehens fokussieren stärker auf die „Power" des Tests für MI-Werte, d.h. wann am wahrscheinlichsten eine substanzielle Misspezifikation vorliegt. Studien zeigen, dass Werte für MI sensitiv gegenüber kleinen Misspezifikationen (d.h. minimale Abweichung von Parameter ≠ 0) sein können, relativ große inhaltliche Misspezifikationen bleiben jedoch manchmal unentdeckt (vgl. Saris et al., 1987; 2009). Eine eindeutige Situation für eine sinnvolle Modellmodifikation ergibt sich dann, wenn ein **hoher MI-Wert** (substanzielle Reduktion des χ^2-Wertes) mit einem **großen Standard-EPC-Wert** (substanzielle Misspezifikation, z.B. |Standard-EPC| ≥ .15 bei Faktorladungen, vgl. Hsu et al., 2014) einhergeht, sofern der EPC-Wert ebenfalls eine theoretisch erwartbare Richtung (Vorzeichen) und Größe aufweist.

Einen vergleichbaren Hinweis auf Misspezifikationen bietet die Ansicht der standardisierten **Residuen** aus der Abweichung der empirischen Kovarianzmatrix von der modellimplizierten Kovarianzmatrix bzw. S − Σ(θ) (s. Muthén & Muthén, 2007; StataCorp, 2015: Methods and formulas for sem/Residuals). Diese Art Residuen zeigen also für alle Einträge der Kovarianzmatrix die tatsächliche (rohe oder standardisierte) Differenz „empirischer Wert minus geschätzter Wert" und werden in Stata angefordert über:

estat residuals, standardized

Hohe standardisierte Residuen (absolut > 2) deuten auf eine bedeutsame Abweichung hin, d.h. die vorhergesagte Varianz oder Kovarianz weicht deutlich von der empirischen Struktur ab. Hohe Residuen sollten daher auch idealerweise mit hohen MI-Werten (s. oben) einhergehen und können ebenfalls Modellmodifikationen leiten. Gleichzeitig ist bei steigender Anzahl an Variablen im Modell (= komplexeres Modell) zunehmend wahrscheinlicher mit dem Auftreten einzelner hoher Residuen bzw. Abweichungen von einer perfekten Anpassung zu rechnen. Diese sollten daher nicht „überinterpretiert" werden.

Die eigentliche **Modellmodifikation** ist daher das Einführen eines zuvor nicht geschätzten Parameters bzw. generell das frei Setzen von restringierten Parametern. Eine Alternative kann jedoch auch sein, eine mehrfach als problematisch identifizierte Variable/einen Indikator, sofern im Modell theoretisch nicht essenziell (z.B. einer von vielen ähnlichen Indikatoren), aus dem Modell gänzlich zu entfernen.

9.5 Präsentation der Ergebnisse: Tabellen und Pfaddiagramme

Es gibt mehrere Publikationen, die sich explizit mit dem Thema adäquater Präsentation von Ergebnissen aus SEM allgemein auseinandersetzen (vgl. McDonald & Ho, 2002; Schreiber et al., 2006). Hier werden lediglich die wichtigsten und auch praktischen Aspekte für die Arbeit mit Stata hervorgehoben.

Substanzielle Ergebnisse aus SEM oder einfachen Regressionsmodellen werden in der Praxis häufig über die Sammlung von Regressionsparametern sowie deren statistischer Signifikanz (Standardfehler oder z-Werte, *-Symbol) in Tabellenform angegeben. Ein hilfreiches, in Stata zur Verfügung stehendes Zusatzpaket hierzu ist der Befehl esttab bzw. das Paket st0085_2 (Jann, 2007). Die Logik des Befehls ist, dass zunächst alle Modellparameter aus dem SEM intern gespeichert werden und danach in einem gewählten **Tabellenformat** aufbereitet werden können. In der Praxis heißt das, dass Ergebnisse nach dem sem Befehl unter einem beliebigem Namen gespeichert werden können:

sem *paths* …

estimates store *name*

oder alternativ mittels eststo (Jann, 2007):

eststo *name*: sem *paths* …

Die in *name* gespeicherten Koeffizienten können nun optisch aufbereitet dargestellt werden. Die Ausgabe unstandardisierter Koeffizienten und deren z-Statistik funktioniert z. B. ähnlich zum regress Befehl. Da im Bereich SEM jedoch meist standardisierte Regressions- oder Pfadkoeffizienten verwendet werden, sollte man darauf achten, dass diese nach dem sem Befehl separat in der Matrix e(b_std) intern gespeichert werden und explizit über main(b_std) angesprochen werden müssen. Auch kann die Zahl der angezeigten Dezimalstellen definiert werden (hier: 3). Standardfehler und z-Werte werden hingegen für standardisierte Koeffizienten nicht automatisch gespeichert. Mit der weiteren Option not kann schließlich die Ausgabe der z-Statistiken unstandardisierter Parameter unterdrückt werden. Die statistische Signifikanz der unstandardisierten Koeffizienten (p-Werte) kann jedoch über das *-Symbol und die zugehörige Option dargestellt werden. Die Option noconstant unterdrückt im Rahmen des sem Befehls zudem die Ausgabe der Konstanten, aber auch der (Residual-)Varianzen sowie aller Kovarianzen exogener Variablen. Eine komprimierte Form der Ausgabe für SEM zeigt Beispiel 22.

9.5 Präsentation der Ergebnisse: Tabellen und Pfaddiagramme

Beispiel 22 Ergebnisdarstellung über Tabellen und Speichern der Ergebnisse

```
. quietly sem (y <- x1 x2), standardized

. estimates store m1

. esttab m1, main(b_std 3) not star(*  .05 **  .01 ***  .001) noconstant

    ------------------------
                  (1)
    ------------------------
    y
    x1            0.347***
    x2            0.213***
    ------------------------
    N             500
    ------------------------
    b_std coefficients
    * p<.05, ** p<.01, *** p<.001

. esttab m1, main(b_std 2) not star(*  .05 **  .01) noconstant, ///
> using "C:\Temp\Erg1.rtf", replace
(output written to C:\Temp\Erg1.rtf)
```

Auch lassen sich die Ergebnisse einer so erzeugten Tabelle direkt in ein Text-File über die Angabe eines Pfades speichern, d.h. allgemein über (s. Beispiel 22, hier: z.B. Parameter mit 2 Dezimalstellen und * $p < .05$, ** $p < .01$):

```
esttab name using "C:\Erg1.rtf" [, options]
```

Man sollte bei der Ausgabe allerdings darauf achten, dass für die zur Identifikation restringierten Parameter in SEM (s. Kap. 6.3 und 8.4) grundsätzlich kein Standardfehler und damit auch keine statistische Signifikanz ausgegeben wird (fehlendes *-Symbol). Um etwa die statistische Signifikanz standardisierter Regressions- und Faktorladungskoeffizienten mit dem `esttab` Befehl korrekt darzustellen (d.h. mittels *-Symbol), müsste daher alternativ die Varianz latenter Variablen bzw. ihrer Residuen restringiert (auf 1 gesetzt) werden (s. Kap. 6.3).

Eine zweite, ebenso häufig verwendete Form der Darstellung von Ergebnissen aus SEM ist, die Schätzparameter (d.h. Regressionskoeffizienten, Korrelationen, etc.) und deren statistische Signifikanz (z.B. mittels *-Symbol) direkt in das unterstellte **Pfaddiagramm** einzubauen, sofern das Modell nicht allzu komplex ist (d.h. zu viele darzustellende Parameter aufweist) (s. Abbildung 21).

Abbildung 21 Beispielhafte Ergebnisdarstellung über Schätzparameter im Pfaddiagramm

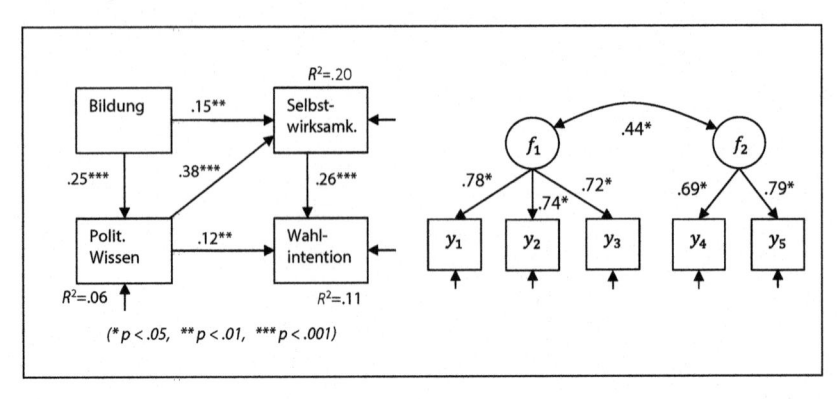

(*$p < .05$, **$p < .01$, ***$p < .001$)

Anwendungsbeispiele von SEM mit Stata 10

> **Zusammenfassung**
>
> Dieser Abschnitt versucht in komprimierter Form einen Großteil der in vorangegangenen Kapiteln eingeführten Methoden rund um SEM umfassend anhand empirischer Beispieldaten zu demonstrieren. Schritt für Schritt wird dabei ein Analyseszenario erstellt, dass sich am realen „Forschungsalltag" orientiert. Verwendet werden dafür Befragungsdaten einer Stichprobe der *Austrian National Election Study* (AUTNES) rund um das Thema möglicher Ursachen politischer Themeneinstellungen.

Um den statistisch-theoretischen Rahmen teils zu verlassen, soll im folgenden Abschnitt das bisher Gesagte an einem fiktiven Forschungsbeispiel mit realen Daten durchgearbeitet werden. Gegebenenfalls wird jedoch nochmals auf die entsprechenden Grundlagen in früheren Kapiteln verwiesen. Dadurch soll Schritt für Schritt ein möglicher Analyseprozess mit quantitativen Daten und SEM möglichst nahe am realen Vorgehen nachvollzogen werden. Ziel ist dabei, die Möglichkeiten und praktischen Probleme von SEM sowie Unterschiede in den substanziellen Ergebnissen herauszuarbeiten, die in der Wahl bestimmter Analysemethoden begründet sind. Aus diesem Grund wurde auch bewusst kein „perfektes" Szenario für die Forschungssituation gewählt.

10.1 Theoretisches Modell

Ziel des folgenden Forschungsszenarios ist, ein vergleichsweise komplexes theoretisches Modell mit (sozial-)psychologischen Konstrukten sowie politischen Einstellungsvariablen zu prüfen, von denen man annehmen kann, dass sie nicht direkt messbar (manifest) sind. Dafür wurde eine Kette von Kausalhypothesen unterstellt: die zentrale abhängige Variable soll darin die Unterstützung Europäischer Integration sein (Variable „euint"), in Europa ein Überthema ähnlich der

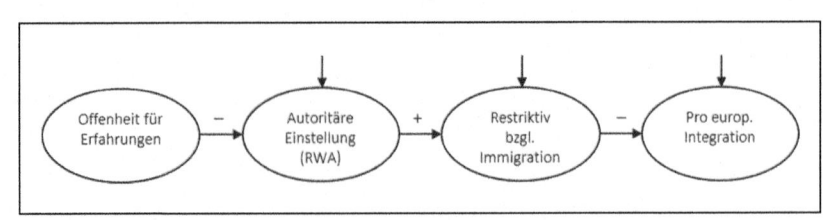

Abbildung 22 Theoretisches Modell im Anwendungsbeispiel

```
Offenheit für      −    Autoritäre       +    Restriktiv      −    Pro europ.
Erfahrungen             Einstellung           bzgl.                Integration
                        (RWA)                 Immigration
```

politischen links-rechts-Achse. Die erklärenden Faktoren sollen sein: Offenheit für Erfahrungen (*Openness to Experience*, eine Persönlichkeitseigenschaft der sogenannten „Big Five"), autoritäre Einstellungen (bzw. *right-wing authoritarianism*, RWA) sowie eine restriktive Haltung gegenüber Immigration (s. Abbildung 22).

Geringe Offenheit für Erfahrungen bildet der Theorie zufolge eine zentrale Persönlichkeitsdeterminante autoritärer Einstellungen (Hypothese: negativer Effekt). Autoritäre Einstellungen (RWA) sind wiederum zentrales Moment politischer Einstellungen, konkret die Sensitivität bzw. stärkere Bedrohungswahrnehmung gegenüber der Verletzung gesellschaftlicher Normen, sozialer Stabilität und kollektiver Sicherheit sowie ein Prädiktor von Vorurteilen (vgl. Duckitt & Sibley, 2009), hier repräsentiert über die grundsätzliche Ablehnung von Zuwanderung (Hypothese: positiver Effekt). Restriktive Haltungen gegenüber Immigration sollten wiederum zur Ablehnung weiterer Europäischer Integration führen (Hypothese: negativer Effekt). Genauer gesagt, werden mit dem SEM mehrere Mediationshypothesen spezifiziert, d. h. es werden jeweils rein indirekte Effekte angenommen. Die Haltung gegenüber Immigration gilt damit als einzig direkter Erklärungsfaktor in der Kausalkette (s. Abbildung 22).

10.2 Verwendete Daten

Die folgenden Beispiele basieren auf Daten, die im Rahmen der *Austrian National Election Study* (AUTNES) erhoben wurden. Darin wurden politische Einstellungen und Verhalten, aber auch (sozial-)psychologische Variablen erfasst. Der genaue Wortlaut der Fragen/Items (s. Beispiel 23 und Beispiel 24) ist der entsprechenden Dokumentation zu entnehmen (Kritzinger et al., 2016b). Die Daten sind öffentlich zugänglich und bei GESIS (Studiennummer ZA5859) für Forschungs- und Lehrzwecke frei verfügbar (Kritzinger et al., 2016a). Daten der verwendeten Stichprobe wurden in einer Vorwahlerhebung im November bis Dezember 2012 sowie April bis Juni 2013 face-to-face (CAPI) mittels einer mehrfach geschichte-

10.2 Verwendete Daten

Beispiel 23 Aufbereitung der Originaldaten und Variablen (AUTNES-Daten)

```
* Laden des Datensatzes (aus dem working directory)
use "ZA5859_de_v2-0-0.dta", clear

* Originale Namen der Items umbenennen
rename (w1_q22) (euint)
rename (w1_q82x2 w1_q82x4 w1_q82x5) (rwa1 rwa2 rwa3)
rename (w1_q26x10 w1_q26x11 w1_q26x12 w1_q76x1) (imm1 imm2 imm3 imm4)
rename (w1_q83x5 w1_q83x10) (ope1 ope2)

* Ausschluss von Missing Values: 88 (weiß nicht) und 99 (verweigert)
mvdecode euint rwa1 rwa2 rwa3 imm1 imm2 imm3 imm4 ope1 ope2, mv(88 99)

* Achtung! Semantische Recodierung: hohe Werte = hohe Merkmalswerte
foreach var of varlist imm2 imm3 imm4 ope2 {
  recode 'var' (5=1) (4=2) (3=3) (2=4) (1=5)
}
```

ten Zufallsstichprobe durch das Institut für empirische Sozialforschung (IFES) erhoben (Response-Rate: 61.8 %) und inkludieren zusätzlich ein over-sampling von 16- bis 21-jährigen Personen. Aus Gründen der didaktischen Vereinfachung wird jedoch in den folgenden Analysen jeweils auf eine zusätzliche Gewichtung der Daten verzichtet.

Die Liste in Beispiel 24 zeigt schließlich die in den Analysen verwendeten Variablennamen und deskriptive Statistiken der in Beispiel 23 aufbereiteten Variablen: die zu erklärende Einstellung (Variable „euint"), die ausgewählten Indikatoren für das Merkmal Offenheit (*Openness*) für Erfahrungen (Variablen „ope1" und „ope2", vgl. Rammstedt & John, 2007), für autoritäre Einstellungen bzw. RWA („rwa1" bis „rwa3", vgl. Aichholzer & Zeglovits, 2015) und für die restriktive Haltung gegenüber Immigration („imm1" bis „imm4"). Die Unterstützung Europäischer Integration wurde über eine klassische 11-stufige Antwortskala abgefragt (0 = „schon zu weit gegangen", 10 = „sollte noch weiter vorangetrieben werden"), alle sonstigen Items verwenden eine 5-stufige, voll verbalisierte Antwortskala („trifft sehr zu" bis „trifft gar nicht zu").

Explorativ werden zunächst die bivariaten Zusammenhänge (Pearson-Korrelationen, s. Kap. 3.3) aller Items untersucht, d. h. die Stichprobenkorrelationsmatrix (s. Beispiel 25). Von Interesse ist dabei einerseits die Spalte aller Korrelationen mit der Zielvariable des Modells: Haltungen gegenüber Immigration weisen demnach klar den stärksten Zusammenhang auf. Andererseits sind die internen Korrelationen der Indikatoren/Items eines theoretisch unterstellten Konstrukts (hier: in grau) von Interesse. Im Idealfall sollten interne Korrelationen hoch sein (Kon-

Beispiel 24 Verwendete Variablenliste und deskriptive Statistiken (AUTNES-Daten)

```
euint    EUROPAEISCHE EINIGUNG

rwa1     MEINUNG ISSUE: TUGENDEN DISZIPLIN UND GEHORSAM SIND VERALTET
rwa2     MEINUNG ISSUE: WICHTIG RECHTE VON KRIMINELLEN ZU SCHUETZEN
rwa3     MEINUNG ISSUE: LAND BRAUCHT MENSCHEN DIE SICH TRADITIONEN WIDERSETZEN
imm1     MEINUNG ISSUE: DIE OESTERREICHISCHE KULTUR WIRD DURCH ZUWANDERUNG BEREI-
CHERT
imm2     MEINUNG ISSUE: OESTERREICH SOLL BEI DER AUFNAHME VON ASYLWERBERN STRENG
SEIN
imm3     MEINUNG ISSUE: ZUWANDERUNG NACH OESTERREICH STOPPEN
imm4     MEINUNG ISSUE: GEFUEHL DER FREMDHEIT AUFGRUND DER VIELEN MUSLIME
ope1     BIG5: OPENNESS (WENIG KUENSTLERISCHES INTERESSE)
ope2     BIG5: OPENNESS (AKTIVE VORSTELLUNGSKRAFT, PHANTASIEVOLL)

. summarize euint rwa1 rwa2 rwa3 imm1 imm2 imm3 imm4 ope1 ope2

    Variable |      Obs         Mean     Std. Dev.       Min        Max
-------------+--------------------------------------------------------
       euint |     3059     3.508663      2.76603          0         10
        rwa1 |     3179     2.724442     1.224181          1          5
        rwa2 |     3164     2.984197     1.194255          1          5
        rwa3 |     3147     2.613918     1.093515          1          5
        imm1 |     3193     3.012527     1.244726          1          5
-------------+--------------------------------------------------------
        imm2 |     3217     3.873174     1.163854          1          5
        imm3 |     3189     3.209784     1.351918          1          5
        imm4 |     3225     2.915969     1.384985          1          5
        ope1 |     3241     3.189448     1.274353          1          5
        ope2 |     3202     3.706746     1.012208          1          5
```

Beispiel 25 Deskriptive Statistiken und Item-Korrelationen (AUTNES-Daten)

```
. quietly correlate euint rwa1 rwa2 rwa3 imm1 imm2 imm3 imm4 ope1 ope2

. matrix list r(C), format(%4.2f) noheader

        euint   rwa1   rwa2   rwa3   imm1   imm2   imm3   imm4   ope1   ope2
euint    1.00
 rwa1   -0.20   1.00
 rwa2   -0.27   0.22   1.00
 rwa3   -0.15   0.24   0.17   1.00
 imm1   -0.46   0.24   0.31   0.18   1.00
 imm2   -0.46   0.24   0.30   0.10   0.53   1.00
 imm3   -0.53   0.26   0.31   0.12   0.60   0.65   1.00
 imm4   -0.41   0.21   0.25   0.10   0.51   0.56   0.63   1.00
 ope1    0.10  -0.12  -0.16  -0.07  -0.18  -0.18  -0.24  -0.19   1.00
 ope2    0.11  -0.13  -0.19  -0.11  -0.15  -0.09  -0.14  -0.07   0.33   1.00
```

10.2 Verwendete Daten

Beispiel 26 Prüfung der Normalverteilung der Daten (AUTNES-Daten)

```
. sfrancia euint rwa1 rwa2 rwa3 imm1 imm2 imm3 imm4 ope1 ope2

        Shapiro-Francia W' test for normal data

   Variable |     Obs       W'          V'         z       Prob>z
------------+---------------------------------------------------------
      euint |    3,059    0.99481      9.622     5.565     0.00001
       rwa1 |    3,179    0.99631      7.089     4.826     0.00001
       rwa2 |    3,164    0.99590      7.842     5.073     0.00001
       rwa3 |    3,147    0.99824      3.359     2.983     0.00143
       imm1 |    3,193    0.99890      2.123     1.855     0.03177
       imm2 |    3,217    0.98336     32.317     8.569     0.00001
       imm3 |    3,189    0.99633      7.066     4.818     0.00001
       imm4 |    3,225    0.99365     12.369     6.202     0.00001
       ope1 |    3,241    0.99594      7.940     5.111     0.00001
       ope2 |    3,202    0.99224     15.017     6.678     0.00001

. mvtest normality euint rwa1 rwa2 rwa3 imm1 imm2 imm3 imm4 ope1 ope2

Test for multivariate normality

   Doornik-Hansen                  chi2(20) =  1182.792    Prob>chi2 =   0.0000
```

vergenz) und außerdem höher sein als Zusammenhänge mit Items einer anderen Zieldimension (Diskriminanz). Die drei ausgewählten Indikatoren autoritärer Einstellungen weisen demnach bspw. eine vergleichsweise geringere Konvergenz und Diskriminanz auf, insbesondere gegenüber Haltungen zum Thema Immigration. Eine methodisch exaktere Analyse dieser Korrelationsmuster erfolgt in den folgenden Schritten schließlich über die Varianten der Faktorenanalyse.

Zudem werden die Daten hinsichtlich der Annahme einer univariaten und multivariaten Normalverteilung geprüft (s. Beispiel 26). Dem Shapiro-Francia-Test zufolge sollte die Nullhypothese einer univariaten Normalverteilung für alle Items verworfen werden (es gilt jeweils $p < .05$). Dasselbe gilt für die Prüfung der multivariaten Normalverteilung über den Doornik-Hansen-Test ($p < .0001$). Grundsätzlich ist die Anwendung der Standard-ML-Schätzung daher nicht empfehlenswert (s. Kap. 8.3).

10.3 Analyse mittels EFA

Zunächst werden die gewählten Indikatoren mittels explorativer Faktorenanalyse (EFA) und klassischer ML-Schätzung analysiert, was die Vergleichbarkeit mit Ergebnissen der konfirmatorischen Faktorenanalyse (CFA) mit ML-Schätzung gewährleistet. Konkret sollen Ladungen auf drei mögliche Faktoren untersucht werden. Aus den Daten liegen damit 45 Informationen vor und 33 Parameter müssen geschätzt werden ($d.f.$ = 12) (s. Kap. 6.4). Insgesamt n = 2866 Fälle wurden analysiert. Die oblique Quartimin-Rotation wurde gewählt (s. Beispiel 27), da in diesem Fall anzunehmen ist, dass bedeutsam korrelierte Faktoren vorliegen. Das EFA-Modell weist folgende Modellgüte auf: $\chi^2_{(12)}$ = 21.00 bei p = .050 („3 factors vs. saturated"). Das EFA-Modell mit drei Faktoren besagt daher, dass es keine signifikante Abweichung des Modells von den Daten gibt.

Die Ergebnisse der rotierten Faktorladungsmatrix (Γ^*, wobei alle Faktorladungen $|\tilde{\gamma}|$ < .15 ausgeblendet sind) legen nahe, dass sich die Indikatoren zwar weitgehend den theoretisch gesuchten Faktoren zuordnen lassen (Factor1~„Immigration", Factor2~„RWA", Factor3~„Offenheit"), autoritäre Einstellungen und Haltungen gegenüber Immigration sich jedoch etwas schwerer trennen lassen (s. Beispiel 27: „Factor1" und „Factor2"). Dies ist ein erster Hinweis auf mangelhafte diskriminante Validität der Items (s. dazu auch Kap. 6.7 und 10.6).

Zusätzlich kann mittels `estat kmo` in Stata das KMO-Kriterium bestimmt werden, d.h. wie gut sich die Auswahl der Items insgesamt für die Durchführung einer Faktorenanalyse eignet (s. Beispiel 28). Werte > .50 werden als unbedingt notwendig erachtet, Werte > .80 als „verdienstvoll" (s. Kaiser, 1974, S. 35), was in diesem Fall ebenfalls erfüllt ist.

Die extrahierten Faktoren der EFA korrelieren, wie erwartet, laut der Analyse nach `estat common` mittelstark miteinander (s. Beispiel 29). Der stärkste Zusammenhang (r = .39) findet sich bspw. zwischen den Faktoren, die als autoritäre Einstellungen („Factor1") und Ablehnung von Zuwanderung („Factor2") identifiziert wurden.

10.4 Analyse mittels CFA

Im nächsten Schritt wird ein theoretisch gestütztes Messmodell geprüft, das die exakte Zuweisung der einzelnen Indikatoren zu drei Konstrukten (hier genannt: „OPENN", „RWA" und „IMM") vorsieht (s. dazu auch Kap. 6.4 und 6.6). Die detaillierte Analyse mittels CFA (ohne die Option `quietly` in Beispiel 30) zeigt, dass alle Faktorladungen hoch signifikant sind (p < .001). Mit `estat framework, standardized` erhält man wiederum die sonst übliche Faktorladungsmatrix

10.4 Analyse mittels CFA

Beispiel 27 Beispiel für eine explorative Faktorenanalyse (EFA)

```
. quietly factor rwa1 rwa2 rwa3 imm1 imm2 imm3 imm4 ope1 ope2, factors(3) ml

. rotate, oblique quartimin blank(.15)

Factor analysis/correlation                    Number of obs    =     2866
    Method: maximum likelihood                 Retained factors =        3
    Rotation: oblique quartimin (Kaiser off)   Number of params =       24
                                               Schwarz's BIC    =    212.1
    Log likelihood = -10.52215                 (Akaike's) AIC   =  69.0443

    ---------------------------------------------------------------------
         Factor |   Variance    Proportion   Rotated factors are correlated
    ------------+--------------------------------------------------------
        Factor1 |    2.73879      0.6892
        Factor2 |    1.13697      0.2861
        Factor3 |    1.04850      0.2638
    ---------------------------------------------------------------------
    LR test: independent vs. saturated:   chi2(36) = 6523.70 Prob>chi2 = 0.0000
    LR test:  3 factors vs. saturated:    chi2(12) =   21.00 Prob>chi2 = 0.0504

Rotated factor loadings (pattern matrix) and unique variances

    -----------------------------------------------------------
        Variable |  Factor1    Factor2    Factor3 |  Uniqueness
    -------------+--------------------------------+------------
            rwa1 |              0.4097            |    0.7583
            rwa2 |   0.2575     0.2490            |    0.7739
            rwa3 |              0.5478            |    0.7205
            imm1 |   0.6492                       |    0.4874
            imm2 |   0.7735                       |    0.4110
            imm3 |   0.8659                       |    0.2561
            imm4 |   0.7584                       |    0.4497
            ope1 |  -0.1885                0.4039 |    0.7799
            ope2 |                         0.7858 |    0.3893
    -----------------------------------------------------------
    (blanks represent abs(loading)<.15)
...
```

(Γ, groß Gamma) ident zum Output der EFA, welche die Beziehungen zwischen latenten exogenen (Faktoren) und manifesten endogenen Variablen (Indikatoren) zeigt. Auch zeigt die Faktorladungsmatrix der CFA die a priori auf 0 gesetzten Parameter (s. Beispiel 30).

Der Postestimation-Befehl `estat eqgof` liefert schließlich Informationen über die Kommunalitäten (s. Kap. 6.10) bzw. Item-Reliabilitäten ρ_{yk} oder R^2 (s. Beispiel 30: Spalte „R-squared"). Die Kommunalität ergibt sich bei eindimensionalen Indikatoren, wie hier dargestellt, aus der quadrierten standardisierten Faktorladung. Dabei fällt auf, dass insbesondere Item „rwa3" eine vergleichsweise sehr geringe Faktorladung (.34 und daher < .50) und somit geringe Reliabilität (.11) aufweist.

Beispiel 28 Postestimation-Befehl in der EFA: KMO-Kriterium

```
. estat kmo

Kaiser-Meyer-Olkin measure of sampling adequacy

    ----------------------
      Variable |      kmo
    -----------+----------
          ope1 |   0.7538
          ope2 |   0.6731
          rwa1 |   0.8650
          rwa2 |   0.9000
          rwa3 |   0.7650
          imm1 |   0.8809
          imm2 |   0.8524
          imm3 |   0.8126
          imm4 |   0.8611
    -----------+----------
       Overall |   0.8377
    ----------------------
```

Beispiel 29 Korrelationsmatrix der Faktoren (EFA)

```
. estat common, format(%6.3f)

Correlation matrix of the quartimin rotated common factors

    ---------------------------------------
      Factors | Fact~1   Fact~2   Fact~3
    ----------+----------------------------
      Factor1 |  1.000
      Factor2 |  0.391    1.000
      Factor3 | -0.226   -0.305    1.000
    ---------------------------------------
```

10.4 Analyse mittels CFA

Beispiel 30 Beispiel für eine konfirmatorische Faktorenanalyse (CFA)

```
. quietly sem (OPENN -> ope?) (RWA -> rwa?) (IMM -> imm?)

. estat framework, standardized format(%6.3f) compact
...
Exogenous variables on endogenous variables (standardized)

             |  latent
       Gamma |  OPENN      RWA       IMM
-------------+------------------------------
   observed  |
       ope1  |  0.637    0.000     0.000
       ope2  |  0.527    0.000     0.000
       rwa1  |  0.000    0.474     0.000
       rwa2  |  0.000    0.555     0.000
       rwa3  |  0.000    0.335     0.000
       imm1  |  0.000    0.000     0.711
       imm2  |  0.000    0.000     0.765
       imm3  |  0.000    0.000     0.860
       imm4  |  0.000    0.000     0.736
-------------------------------------------

...
. estat eqgof, format(%4.3f)

Equation-level goodness of fit

-------------------------------------------------------------------------
             |        Variance            |
    depvars  |  fitted  predicted  residual |  R-squared    mc      mc2
-------------+------------------------------+-------------------------------
   observed  |                              |
       ope1  |   1.622    0.658    0.964    |   0.406     0.637    0.406
       ope2  |   0.994    0.276    0.718    |   0.278     0.527    0.278
       rwa1  |   1.524    0.342    1.182    |   0.224     0.474    0.224
       rwa2  |   1.444    0.444    0.999    |   0.308     0.555    0.308
       rwa3  |   1.178    0.133    1.046    |   0.112     0.335    0.112
       imm1  |   1.569    0.794    0.775    |   0.506     0.711    0.506
       imm2  |   1.391    0.814    0.576    |   0.586     0.765    0.586
       imm3  |   1.862    1.378    0.484    |   0.740     0.860    0.740
       imm4  |   1.952    1.056    0.895    |   0.541     0.736    0.541
-------------+------------------------------+-------------------------------
    overall  |                              |   0.954
-------------------------------------------------------------------------
mc  = correlation between depvar and its prediction
mc2 = mc^2 is the Bentler-Raykov squared multiple correlation coefficient
```

Das CFA-Modell unterstellt 21 freie Parameter bei 45 empirischen Informationen ($d.f.$ = 24) (s. Kap. 8.4). Die globale Modellgüte des CFA-Modells mit drei Faktoren lautet nun wie folgt: $\chi^2_{(24)}$ = 172.20 mit p < .001 (s. Beispiel 31: „model vs. saturated"). Laut dem χ^2-Test würde also die H_0: Σ = $\Sigma(\theta)$ für das Modell zurückgewiesen werden, d.h. es gibt eine statistisch signifikante Abweichung (Diskrepanz) der Stichproben- von der modellimplizierten Kovarianzmatrix. Zu beachten ist jedoch in diesem Fall die relativ große Stichprobe (n = 2866 Fälle), die den χ^2-Test äußerst sensitiv werden lässt. Betrachtet man hingegen Gütemaße für „annähernden" Fit, ergibt sich nach den weiter oben genannten Kriterien (s. Kap. 9.2) dennoch eine sehr gute Modellanpassung des hier unterstellten Messmodells an die Daten (s. Beispiel 31).

Beispiel 31   Gütemaße des 3-Faktoren-Modells (CFA)

```
. estat gof, stats(all)

Fit statistic        |     Value   Description
---------------------+-------------------------------------------------
Likelihood ratio     |
         chi2_ms(24) |   172.196   model vs. saturated
           p > chi2  |     0.000
         chi2_bs(36) |  6532.442   baseline vs. saturated
           p > chi2  |     0.000
---------------------+-------------------------------------------------
Population error     |
               RMSEA |     0.046   Root mean squared error of approximation
  90% CI, lower bound|     0.040
         upper bound |     0.053
              pclose |     0.807   Probability RMSEA <= 0.05
---------------------+-------------------------------------------------
Information criteria |
                 AIC | 76935.129   Akaike's information criterion
                 BIC | 77113.949   Bayesian information criterion
---------------------+-------------------------------------------------
Baseline comparison  |
                 CFI |     0.977   Comparative fit index
                 TLI |     0.966   Tucker-Lewis index
---------------------+-------------------------------------------------
Size of residuals    |
                SRMR |     0.027   Standardized root mean squared residual
                  CD |     0.954   Coefficient of determination
---------------------+-------------------------------------------------
```

10.5 Modellvergleich in der CFA

Das 3-Faktoren-Modell wurde laut der vorhergehenden Analyse somit vorläufig akzeptiert. Dennoch soll ein rivalisierendes Messmodell als Alternativerklärung mit diesem verglichen werden (s. Kap. 9.3), konkret ein 2-Faktoren-Modell. Da die vorhergehenden explorativen Analysen teils mangelnde Abgrenzbarkeit (Diskriminanz) mancher Indikatoren zeigten, soll in dem alternativen Modell nicht zwischen den Einstellungsdimensionen RWA und Zuwanderung unterschieden werden (s. Beispiel 32). Das heißt, dieses Modell ist ein Spezialfall von bzw. geschachtelt (*nested*) im 3-Faktoren-Modell, da die Spezifikation ident ist zur Annahme zweier perfekt korrelierter Faktoren („RWA" und „IMM"). Man gewinnt damit zwei Freiheitsgrade ($\Delta d.f.$ = 26 − 24 = 2), da nun nicht mehr drei Korrelationen, sondern nur eine Korrelation zwischen den latenten Faktoren geschätzt werden muss.

Die Ergebnisse des Likelihood-Ratio-Tests (χ^2-Differenztests bei $\Delta d.f.$ = 2) mittels `lrtest` legen zunächst nahe, dass ein signifikanter Unterschied zwischen den Modellen besteht bzw. eine signifikante Verschlechterung der Modellanpassung vorliegt (s. Beispiel 32). Das Ergebnis (konkret $\chi^2_{(2)}$ = 175.47 mit $p < .0001$) kann, wie bereits erwähnt, bei der Standard-ML-Schätzung auch manuell über die folgende Funktion nachvollzogen werden (Ausgabe des p-Wertes):

```
display chi2tail(2, 175.47)
```

Auch verschlechtern sich wesentliche Gütemaße im 2-Faktoren-Modell: Verminderung der Werte CFI und TLI (ΔCFI < −.01 und ΔTLI < −.01) sowie des SRMR, der RMSEA-Wert bzw. das Konfidenzintervall liegt nun außerhalb der angestrebten Grenzen (< .05) und schließlich ist der AIC- bzw. BIC-Wert klar höher (s. Tabelle 17). All diese Hinweise sprechen dafür, das 2-Faktoren-Modell zu verwerfen und das ursprünglich unterstellte 3-Faktoren-Modell (mit den latenten Variablen „OPENN", „RWA" und „IMM") für weitere Analysen anzunehmen.

Beispiel 32 Likelihood-Ratio-Test (χ^2-Differenztest) für ein 2- vs. 3-Faktoren-Modell

```
. eststo mf3: quietly sem (OPENN -> ope?) (RWA -> rwa?) (IMM -> imm?)

. eststo mf2: quietly sem (IMMRWA -> imm? rwa?) (OPENN -> ope?)

. lrtest mf3 mf2

Likelihood-ratio test                           LR chi2(2)  =    175.47
(Assumption: mf2 nested in mf3)                 Prob > chi2 =    0.0000
```

Tabelle 17 Modellvergleich für 2- und 3-Faktoren-Modell (AUTNES Daten)

Modell	d.f.	χ^2	p	CFI	TLI	RMSEA [90%-KI]	SRMR	AIC	BIC	$\Delta\chi^2$	$p(\Delta\chi^2)$
3-Faktor	24	172.20	<.01	.977	.966	.046 [.040; .053]	.027	76935	77114		
2-Faktor	26	347.67	<.01	.950	.931	.066 [.060; .072]	.043	77107	77273	175.47	<.0001

10.6 Prüfung konvergenter und diskriminanter Validität

Für die Indikatoren der drei ausgewählten Faktoren („OPENN", „RWA" und „IMM") soll außerdem deren konvergente und diskriminante Validität (s. Kap. 6.7) beispielhaft mittels condisc überprüft werden (s. Beispiel 33). Die Messung von Einstellungen gegenüber Immigration weist den Ergebnissen zufolge die höchste konvergente und ausreichend diskriminante Validität auf, da beide Kriterien nach Fornell und Larcker (1981) erfüllt sind (AVE = .59 und alle quadrierten Korrelationen sind geringer bzw. <.50). Die Messung von Offenheit sowie autoritärer Einstellungen mittels der ausgewählten Items führt hingegen zu Problemen. Ein naheliegender Grund ist, dass nur sehr wenige und teils in sich heterogene Indikatoren pro Konstrukt vorliegen und somit deren jeweils gemeinsame Varianz (Faktorvarianz) weniger klar extrahiert werden kann. Somit ist auch die Trennung der Varianz aufgrund verschiedener Faktoren (Diskriminanz) schwieriger, insofern es eine gewisse inhaltliche Überlappung bzw. theoretisch erwünschte Nähe der Konstrukte gibt. Eine Lösung wäre daher, entweder zusätzliche Indikatoren mit höherer konvergenter sowie diskriminanter Validität zu finden oder „schlechtere" Indikatoren bzw. Indikatoren mit starken Kreuzladungen wieder zu entfernen.

10.7 Reliabilitätsschätzung und Bildung von Summenindizes

Nachdem das 3-Faktoren-Messmodell bevorzugt bzw. akzeptiert wird, soll nun die Reliabilität der Messung des jeweiligen Konstrukts geschätzt werden (s. Kap. 6.10). Dazu werden einerseits Alpha-Werte nach Cronbach (ρ_α) herangezogen sowie die exaktere Schätzung der „Composite Reliability" (bzw. Koeffizient ρ_ω).

10.7 Reliabilitätsschätzung und Bildung von Summenindizes

Beispiel 33 Konvergente und diskriminante Validität von Items (AUTNES-Daten)

```
. quietly sem (OPENN -> ope?) (RWA -> rwa?) (IMM -> imm?)

. condisc

            Convergent and Discriminant Validity Assessment
    -----------------------------------------------------------------
    Squared  correlations (SC) among  latent  variables
    -----------------------------------------------------------------

            OPENN      RWA      IMM
    OPENN   1.000
    RWA     0.238    1.000
    IMM     0.141    0.428    1.000


    -----------------------------------------------------------------
    Average variance extracted (AVE) by latent variables
    -----------------------------------------------------------------

        AVE_OPENN        0.342         Problem with discriminant validity
                                       Problem with convergent validity

        AVE_RWA          0.215         Problem with discriminant validity
                                       Problem with convergent validity

        AVE_IMM          0.593         No problem with discriminant validity
                                       No problem with convergent validity
    -----------------------------------------------------------------
    Note: when AVE values >= SC values there is no problem with discriminant vali-
    dity
          when AVE values >= 0.5 there is no problem with convergent validity
```

Die Reliabilitätsschätzungen im Bereich von .53 und .46 für Skalen zur Messung von Offenheit oder autoritärer Einstellungen zeigen, dass die Items das unterstellte Konstrukt (die latente Variable) nur unzureichend präzise wiedergeben können. Mit ein Grund ist, wie erwähnt, dass aus Gründen der Vereinfachung vergleichsweise wenige Items herangezogen wurden. Außerdem wurden bspw. autoritäre Einstellungen (RWA) mit drei Items erfasst, die zum Teil in sich inhaltlich heterogen sind (Erfassung verschiedener Subdimensionen). Lediglich die Messung von Einstellungen gegenüber Immigration weist eine hohe Reliabilität auf (.85). Da in diesem Anwendungsbeispiel vergleichsweise wenige homogene Indikatoren zum Einsatz kommen und keine Residuenkovarianzen angenommen wurden, sind ρ_α mittels alpha (s. Beispiel 34) und die „Composite Reliability" (bzw. ρ_ω) mittels relicoef bzw. der rechnerisch ähnlichen Methode mit Phantomvariablen (s. Beispiel 35) praktisch ident.

Beispiel 34 Reliabilitätsschätzung über Alpha nach Cronbach (AUTNES-Daten)

```
. alpha ope?, casewise std

Test scale = mean(standardized items)

Average interitem correlation:      0.3583
Number of items in the scale:            2
Scale reliability coefficient:      0.5276

. alpha rwa?, casewise std

Test scale = mean(standardized items)

Average interitem correlation:      0.2189
Number of items in the scale:            3
Scale reliability coefficient:      0.4567

. alpha imm?, casewise std

Test scale = mean(standardized items)

Average interitem correlation:      0.5858
Number of items in the scale:            4
Scale reliability coefficient:      0.8498
```

Der nächste in der Forschungspraxis zu beobachtende Schritt ist oftmals die Konstruktion einer zusammengefassten Skala der Indikatoren bzw. die Bildung von einfachen Summenindizes für die weitere Analyse, z. B. in einem Regressionsmodell. Beachtet werden sollte neben deren potenziell mangelnder Reliabilität unter anderem, dass bei Summenscores implizit immer mit listenweisem Fallausschluss gearbeitet werden muss (s. Beispiel 36), wohingegen SEM auch Schätzverfahren bei fehlenden Werten erlauben (s. Kap. 8.3). Man sollte außerdem erwähnen, dass sich die Berechnung eines gemittelten Summenindex auch über die Option generate(*newvar*) casewise des Befehls alpha bewerkstelligen ließe.

10.7 Reliabilitätsschätzung und Bildung von Summenindizes

Beispiel 35 Reliabilitätsschätzung über Composite Reliability (AUTNES-Daten)

```
. quietly sem (OPENN -> ope?) (RWA -> rwa?) (IMM -> imm?)

. relicoef // Reliabilitätsschätzung mittels relicoef

  Raykov's factor reliability coefficient
  +----------------------------------------+
   Factor           |  Coefficient
  +----------------------------------------+
   OPENN            |  0.515
   RWA              |  0.447
   IMM              |  0.854
  +----------------------------------------+
  Note: We seek coefficients >= 0.7

. generate hv=0 // Reliabilitätsschätzung mit latenter Phantomvariable (Bsp.
  IMM)

. quietly sem (IMM -> imm?) (imm?@1 -> C) (C -> hv@0), var(e.C@0 e.hv@0)

. quietly estat framework, fitted standardized

. matrix list r(Sigma), format(%5.4f) noheader

                  observed: observed: observed: observed: observed:  latent:   latent:
                      imm1      imm2      imm3      imm4        hv        C       IMM
  observed:imm1    1.0000
  observed:imm2    0.5341    1.0000
  observed:imm3    0.6051    0.6562    1.0000
  observed:imm4    0.5190    0.5628    0.6375    1.0000
    observed:hv         .         .         .         .    1.0000
     latent:C     0.7955    0.8178    0.8770    0.8296         .    1.0000
     latent:IMM   0.7019    0.7611    0.8622    0.7395         .    0.9234    1.0000

. dis _newline "Rho(C) = " as res %6.3f ///
> .9234^2

Rho(C) = 0.853
```

Beispiel 36 Bildung von Summenindizes (AUTNES-Daten)

```
. generate c_openn = ope1+ope2
(73 missing values generated)

. generate c_rwa = rwa1+rwa2+rwa3
(244 missing values generated)

. generate c_imm = imm1+imm2+imm3+imm4
(198 missing values generated)
```

10.8 Korrelationsanalyse

Im Folgenden werden die jeweils bivariaten Korrelationen der eben gebildeten Summenscores sowie der laut dem Modell abhängigen Variablen „Einstellungen zur Europäischen Integration" dargestellt (s. Beispiel 37). Die Korrelationen der Summenindizes liegen teils im Bereich starker ($|r| \geq .50$) bis mittlerer ($.30 \leq |r| < .50$) Korrelationen, lediglich die Korrelation zwischen der Unterstützung Europäischer Integration und Offenheit ist als eher schwach anzusehen ($.10 \leq |r| < .30$) (vgl. Cohen, 1992). Auch laufen die Korrelationen in die erwartete Richtung: z. B. korreliert die Unterstützung Europäischer Integration sowie die Eigenschaft Offenheit jeweils negativ mit autoritären Einstellungen (RWA) als auch negativ mit einer restriktiven Haltung gegenüber Immigration. Zu beachten ist allerdings, dass eine Beeinträchtigung der Höhe dieser Korrelationen durch Messfehler bzw. mangelnde Reliabilität zu erwarten ist (s. Kap. 5.2).

Im Vergleich dazu liefert die Schätzung mittels sem Befehl, d. h. unter der Berücksichtigung von Messfehlern in den Indikatoren der untersuchten latenten Variablen, deutlich höhere Korrelationen zwischen den interessierenden Merkmalen (s. Beispiel 38). Alle Variablen werden als exogen angenommen (Matrix Φ, groß Phi) und, wie ersichtlich, wird lediglich euint als manifeste Variable interpretiert (*observed* vs. *latent*), da sie per Definition unmittelbar die Einstellung repräsentiert (die Reliabilität ist perfekt bzw. 1). Zudem sind die Korrelationen zwischen den Faktoren in der CFA durch das Einführen restringierter Faktorladungen in aller Regel auch immer höher als in der EFA (s. Beispiel 29, auf S. 144; vgl. Asparouhov & Muthén, 2009).

Beispiel 37 Korrelationsmatrix der untersuchten Variablen (Summenscores)

```
. correlate euint c_openn c_rwa c_imm
(obs=2,750)

             |    euint   c_openn     c_rwa     c_imm
-------------+------------------------------------------
       euint |   1.0000
     c_openn |   0.1312    1.0000
       c_rwa |  -0.3042   -0.2298    1.0000
       c_imm |  -0.5584   -0.2354    0.3872    1.0000
```

Beispiel 38 Korrelationsmatrix der untersuchten Variablen (SEM-basiert)

```
. quietly sem (OPENN -> ope?) (RWA -> rwa?) (IMM -> imm?) (euint)

. estat framework, standardized format(%9.3f)
...
Covariances of exogenous variables (standardized)

              | observed | latent
          Phi |    euint |    OPENN        RWA        IMM
--------------+----------+-------------------------------
observed      |          |
        euint |    1.000 |
--------------+----------+-------------------------------
latent        |          |
        OPENN |    0.182 |    1.000
          RWA |   -0.468 |   -0.491      1.000
          IMM |   -0.607 |   -0.368      0.648      1.000
--------------+----------+-------------------------------
```

10.9 Regression und Pfadmodell: manifeste vs. latente Variablen

Im nächsten Schritt wird mittels regress eine klassische multiple lineare OLS-Regression für mehrere erklärende (exogene) Variablen berechnet (s. Beispiel 39).

Wie theoretisch erwartet, legen die Ergebnisse zunächst nahe, dass negative Einstellungen hinsichtlich Immigration sowie autoritäre Einstellungen einen signifikant negativen (direkten) Einfluss (standardisiert -.52 und -.11) auf die Unterstützung Europäischer Integration ausüben (s. Beispiel 39: Spalte „Beta"). Meinungen zum Thema Zuwanderung haben demnach klar den stärksten Einfluss. Die Persönlichkeitseigenschaft Offenheit für Erfahrungen ist den Ergebnissen zufolge hingegen nicht (direkt) relevant (-.02, n. s.). Der Wert für R^2 in der abhängigen Variable beträgt .32 bzw. 32 %. Eine ML-Schätzung mittels des sem Befehls liefert praktisch idente Ergebnisse (s. Tabelle 18: Spalte „Regression", auf 156). Da das einfache Regressionsmodell mit $d.f. = 0$ jedoch perfekt zu den Daten passt, kann nur indirekt ein Modellvergleich mit anderen Modellspezifikationen vorgenommen werden.

Wir testen nun das in Abbildung 22 (auf S. 138) angeführte theoretische Modell zunächst mit Summenindizes als Messung der Konstrukte. Das heißt, es werden dem Modell zufolge nicht rein direkte Effekte, wie etwa in der OLS-Regression, sondern jeweils indirekte Effekte bzw. Mediationen der Effekte unterstellt. Das spezifizierte Pfadmodell weist allerdings nur einen moderaten bis unzurei-

Beispiel 39 Klassische lineare OLS-Regression (AUTNES-Daten)

```
. regress euint c_openn c_rwa c_imm, beta cformat(%4.3f)

      Source |       SS       df       MS              Number of obs =    2750
-------------+------------------------------           F(  3,  2746) =  432.95
       Model |  6940.29106     3   2313.43035          Prob > F      =  0.0000
    Residual |  14672.8817  2746   5.3433655           R-squared     =  0.3211
-------------+------------------------------           Adj R-squared =  0.3204
       Total |  21613.1727  2749   7.86219452          Root MSE      =  2.3116

------------------------------------------------------------------------------
       euint |      Coef.   Std. Err.      t    P>|t|                     Beta
-------------+----------------------------------------------------------------
     c_openn |     -0.024      0.025    -0.96   0.335                   -0.016
       c_rwa |     -0.122      0.020    -6.14   0.000                   -0.106
       c_imm |     -0.339      0.011   -30.14   0.000                   -0.521
       _cons |      9.138      0.283    32.26   0.000                        .
------------------------------------------------------------------------------
```

chenden Fit zu den Daten auf (s. Tabelle 18: Spalte „Pfadmodell"). Inhaltlich sinnvolle und hohe Modifikationsindizes (MI) legen für diesen Fall etwa nahe, dass der Zusammenhang (OPENN → IMM) nicht korrekt spezifiziert wurde, d. h. fälschlicherweise auf 0 gesetzt wurde, obwohl ein direkter Zusammenhang in der Population anzunehmen ist (MI = 73.189, die zu erwartende Verringerung von χ^2 nach Freisetzung, und Standard EPC = -.15, der zu erwartende standardisierte Zusammenhang nach Freisetzung).

Danach wurde ein Modell mit latenten Variablen (SEM) als Messmodell der Konstrukte geschätzt (s. zur Spezifikation Beispiel 40 sowie Tabelle 18: Spalten „SEM"). Wie ersichtlich wird, erhöhen sich nach der Bereinigung um Messfehler aufgrund der geringen Reliabilität der Summenskalen die Zusammenhänge sowie Werte der erklärten Varianz (R^2) teils deutlich (s. Tabelle 18: Spalten „Pfadmodell" vs. „SEM").

Der Postestimation-Befehl `estat teffects` ermöglicht es auch, die Größe standardisierter indirekter und totaler Effekte abzuschätzen (s. Tabelle 18). Da deren Standardfehler jedoch in Stata nicht defaultmäßig berechnet werden (s. Kap. 4.3), wurde `estat stdize: nlcom` zu deren exakter Berechnung herangezogen (s. Beispiel 40). Diese Methode (Delta-Methode) kann für jede der möglichen Parameterschätzverfahren in Stata verwendet werden (z. B. Satorra-Bentler-Schätzer).

Zuletzt fokussieren wir auf den Vergleich der klassischen ML-Schätzung mit dem adäquateren SB-Schätzer. Wie von Satorra und Bentler (1994) gezeigt, sind nicht die Parameterschätzer selbst betroffen oder inkonsistent, auch wenn die An-

10.9 Regression und Pfadmodell: manifeste vs. latente Variablen

Beispiel 40 Berechnung standardisierter totaler/indirekter Effekte (SB-Schätzer)

```
. sem (OPENN -> ope?) (RWA -> rwa?) (IMM -> imm?) ///
> (OPENN -> RWA) (RWA -> IMM) (IMM -> euint), coeflegend vce(sbentler)
...

. estat stdize: nlcom _b[euint:IMM]*_b[IMM:RWA]*_b[RWA:OPENN], noheader //
(OPENN -> euint)

------------------------------------------------------------------------
             |      Coef.   Std. Err.      z    P>|z|    [95% Conf. Interval]
-------------+----------------------------------------------------------
        _nl_1 |      0.213      0.016    13.60   0.000      0.182      0.244
------------------------------------------------------------------------

. estat stdize: nlcom _b[euint:IMM]*_b[IMM:RWA], noheader // (RWA -> euint)

------------------------------------------------------------------------
             |      Coef.   Std. Err.      z    P>|z|    [95% Conf. Interval]
-------------+----------------------------------------------------------
        _nl_1 |     -0.408      0.019   -21.89   0.000     -0.445     -0.372
------------------------------------------------------------------------

. estat stdize: nlcom _b[IMM:RWA]*_b[RWA:OPENN], noheader // (OPENN -> RWA)

------------------------------------------------------------------------
             |      Coef.   Std. Err.      z    P>|z|    [95% Conf. Interval]
-------------+----------------------------------------------------------
        _nl_1 |     -0.349      0.024   -14.49   0.000     -0.396     -0.302
------------------------------------------------------------------------
```

nahme der multivariaten Normalverteilung verletzt ist, sondern die Standardfehler (bzw. z-Werte) und der χ^2-Wert (s. Tabelle 18: Spalten „ML" vs. „SB-ML"). Der χ^2-Wert der Standard-ML-Schätzung ist im direkten Vergleich mit dem SB-ML-Schätzer klar inflationiert und die z-Werte größtenteils ebenso, wenn auch in geringerem Ausmaß. Für Parameter aus der Standard-ML-Schätzung würde man also zu häufig rückschließen, dass sie sich signifikant von 0 unterscheiden (s. Urban & Mayerl, 2014, S. 141).

Tabelle 18 Vergleich der Modellergebnisse im Anwendungsbeispiel

Typ		Regression	Pfadmodell	SEM	SEM
Messmodell der Konstrukte		Summenindex	Summenindex	Latente Variablen	Latente Variablen
Schätzer		ML	ML	ML	SB-ML
Direkte Effekte	euint ← IMM	−.52*** (36.08)	−.56*** (42.55)	−.61*** (45.40)	−.61*** (42.23)
	euint ← RWA	−.11*** (6.19)	Fixiert (0)	Fixiert (0)	Fixiert (0)
	euint ← OPENN	−.02 (.97)	Fixiert (0)	Fixiert (0)	Fixiert (0)
	IMM ← RWA		.39*** (23.89)	.67*** (28.59)	.67*** (26.55)
	IMM ← OPENN		Fixiert (0)	Fixiert (0)	Fixiert (0)
	RWA ← OPENN		−.23*** (12.90)	−.52*** (16.19)	−.52*** (16.02)
Totale Effekte	euint ← OPENN		.05*** (10.64)	.21*** (13.58)	.21*** (13.60)
	euint ← RWA		−.22*** (19.93)	−.41*** (23.28)	−.41*** (21.89)
	IMM ← OPENN		−.09*** (11.15)	−.35*** (14.51)	−.35*** (14.49)
Gütemaße (Fit-Maße)	R^2 (euint)	.32	.31	.37	.37
	R^2 (IMM)	n. v.	.15	.45	.45
	R^2 (RWA)	n. v.	.05	.27	.27
	AIC	34015	34135	86412	86412
	BIC	34045	34188	86601	86601
	d.f.	0	3	33	33
	χ^2	0	111.71	217.57	194.09
	$p(\chi^2)$	1	< .001	< .001	< .001
	CFI	1.000	.937	.974	.976
	TLI	1.000	.874	.965	.967
	RMSEA	.000	.115	.045	.042
	90 %-KI (RMSEA)	[.000; .000]	[.097; .133]	[.040; .051]	[.037; .048]
	SRMR	.000	.051	.027	.027
Fallzahl	n	2750	2750	2750	2750

(Anm.: Standardisierte Koeffizienten; absolute z-Werte in Klammern; * p<.05, ** p<.01, *** p<.001)

10.10 Weitere Modelldiagnose: Alternativmodelle und Modifikation

Dieser letzte Abschnitt widmet sich der weiteren Modelldiagnose im Sinne der Identifikation alternativer oder „besser passender" Modellvarianten. Um etwa zu zeigen, dass tatsächlich eine weitgehende Mediation der Variablen besteht, wurde ein zusätzliches Modell mit den Effekten (OPENN → IMM) sowie (RWA → euint) mittels SB-Schätzer gerechnet. Der korrigierte SB-χ^2-Test liefert einen Wert von SB-$\Delta\chi^2$ = 7.62 bei $p(\Delta\chi^2)$ = .022 (s. Beispiel 41) und ΔCFI = −.001. Die Unterschiede sind somit unter Berücksichtigung der großen Stichprobe als insgesamt unbedeutend anzusehen (s. Kap. 9.3), und stützen weiter die Hypothese der jeweiligen vollen Mediation der Variableneffekte.

Beispiel 41 Modellvergleich mit Satorra-Bentler-χ^2-Differenztest (AUTNES-Daten)

```
. quietly sem (OPENN -> ope?) (RWA -> rwa?) (IMM -> imm?) ///
> (OPENN -> RWA) (RWA -> IMM) (IMM -> euint), vce(sbentler)

. scalar T0 = e(chi2sb_ms)
. scalar d0 = e(df_ms)
. scalar c0 = e(chi2_ms)/e(chi2sb_ms)

. quietly sem (OPENN -> ope?) (RWA -> rwa?) (IMM -> imm?) ///
> (OPENN -> RWA) (OPENN RWA -> IMM) (RWA IMM -> euint), vce(sbentler)

. scalar T1 = e(chi2sb_ms)
. scalar d1 = e(df_ms)
. scalar c1 = e(chi2_ms)/e(chi2sb_ms)

. scalar deltaT = (T0*c0-T1*c1)*(d0-d1) / (c0*d0-c1*d1)
. scalar list
    deltaT =  7.6208968
        c1 =      1.128
        d1 =         31
        T1 =    186.041
        c0 =      1.121
        d0 =         33
        T0 =    194.086

. display _newline "Skal. Chi2-Diff. = "deltaT ///
> _newline "Diff. d.f. = "d0-d1 ///
> _newline "p = "as res %5.4f chi2tail(d0-d1, deltaT)

Skal. Chi2-Diff. = 7.6208968
Diff. d.f. = 2
p = 0.0221
```

Zudem werden beispielhaft jene Analysen diskutiert, die eine mögliche Modellmodifikation anhand statistischer Kennwerte motivieren könnten (s. Kap. 9.4). Diese Schritte könnten und sollten daher auch bereits nach der Spezifikation des reinen Messmodells (CFA) durchlaufen werden. Angezeigt werden hier Modifikationsindizes (MI) nach einfacher ML-Schätzung. Optisch hervorgehoben (hier: in grau) sind im Folgenden (s. Beispiel 42) alle Werte für MI > 20 bei gleichzeitig |Standard-EPC| ≥ .15 als mögliches Kriterium bedeutsamer Misspezifikationen.

Der auffallend hohe MI-Wert für die Residuenkovarianz zwischen „e.rwa1" und „e.rwa3" deutet bspw. auf eine Misspezifikation im Messmodell von „RWA" hin (s. Beispiel 42), d. h. der gemeinsame Faktor erklärt die Korrelation der Indikatoren offenbar nicht hinreichend. Ein Grund könnte deren stärkere inhaltliche Überschneidung im Vergleich zu dem weiteren Indikator („rwa2") sein (Referenz zu den Werten „Tugenden" und „Traditionen" vs. „Kriminelle schützen"). Die vorgeschlagene Korrelation der Indikatoren von Offenheit („e.ope1" und „e.ope2") mit „IMM", wie im Pfadmodell mit manifesten Variablen angedeutet, liefert je-

Beispiel 42 Auszug der Modifikationsindizes (AUTNES-Daten)

```
. quietly sem (OPENN -> ope?) (RWA -> rwa?) (IMM -> imm?) ///
> (OPENN -> RWA) (RWA -> IMM) (IMM -> euint)
. estat mi

Modification indices

                                                       Standard
                   |      MI     df    P>MI      EPC        EPC
-------------------+----------------------------------------------
Structural         |
  RWA <-           |
            imm1   |   9.083      1    0.00   .1582851    .1692531
            imm3   |  14.289      1    0.00  -.2412058   -.2801319
            imm4   |   4.251      1    0.04  -.0988917   -.1177895
           euint   |  13.000      1    0.00  -.0756475   -.1809049
-------------------+----------------------------------------------
  IMM <-           |
            ope1   |  17.462      1    0.00  -.1106327   -.1051405
            ope2   |  12.753      1    0.00   .1172568    .0866549
            rwa2   |  10.986      1    0.00   .1713501    .1527734
            rwa3   |  23.568      1    0.00  -.1506422   -.1218676
            imm1   |  24.147      1    0.00  -.3015621   -.2809114
            imm4   |  10.018      1    0.00   .1790337    .1857708
           euint   |   6.242      1    0.01   .0582347    .1213203
-------------------+----------------------------------------------
Measurement        |
  ...
```

10.10 Weitere Modelldiagnose: Alternativmodelle und Modifikation

Beispiel 42 (Fortsetzung)

```
    ----------------+---------------------------------------------
     euint <-       |
               ope1 |    10.132     1     0.00    -.1128314    -.0514713
               rwa2 |     8.813     1     0.00    -.1192079    -.0510172
               rwa3 |    10.534     1     0.00    -.1353005    -.0525399
               imm1 |     9.928     1     0.00    -.1771522    -.0792114
               imm4 |    14.097     1     0.00     .1949381     .097093
                RWA |     6.242     1     0.01    -.2206464    -.0922659
    ----------------+---------------------------------------------
     cov(e.ope1,e.rwa1)|     4.361     1     0.04     .0591216     .0529264
     cov(e.ope1,e.rwa2)|     5.075     1     0.02     .0634298     .0619568
     cov(e.ope1,e.rwa3)|     5.371     1     0.02     .0571294     .0544777
     cov(e.ope1,e.imm3)|    22.192     1     0.00    -.0934703    -.1315761
     cov(e.ope1,e.imm4)|     4.919     1     0.03    -.0521822    -.053323
     cov(e.ope1,e.euint)|   15.813     1     0.00    -.208027     -.0920467
     cov(e.ope1,e.IMM)|    26.001     1     0.00    -.183158     -.1799897
     cov(e.ope2,e.rwa2)|    11.973     1     0.00    -.0751248    -.0895665
     cov(e.ope2,e.imm1)|     5.933     1     0.01    -.0407377    -.0555563
     cov(e.ope2,e.imm2)|     6.430     1     0.01     .0379229     .0592792
     cov(e.ope2,e.imm4)|    14.692     1     0.00     .0705053     .0879388
     cov(e.ope2,e.IMM)|    21.289     1     0.00     .1271888     .1525588
     cov(e.rwa1,e.rwa2)|    13.455     1     0.00    -.1234578    -.1117885
     cov(e.rwa1,e.rwa3)|    47.546     1     0.00     .1761045     .1556727
     cov(e.rwa2,e.imm1)|     7.818     1     0.01     .0559237     .0632002
     cov(e.rwa2,e.imm3)|     3.889     1     0.05    -.0373668    -.0532036
     cov(e.rwa2,e.euint)|    7.832     1     0.01    -.136323     -.0610112
     cov(e.rwa2,e.IMM)|    10.986     1     0.00     .1734338     .1723882
     cov(e.rwa3,e.imm1)|    14.326     1     0.00     .0720353     .0794751
     cov(e.rwa3,e.imm2)|     8.420     1     0.00    -.0494078    -.0624806
     cov(e.rwa3,e.imm3)|    13.714     1     0.00    -.0655117    -.0910621
     cov(e.rwa3,e.euint)|    9.239     1     0.00    -.1414002    -.0617809
     cov(e.rwa3,e.IMM)|    23.568     1     0.00    -.1599825    -.1552422
     cov(e.imm1,e.imm2)|     3.890     1     0.05    -.0335693    -.0497397
     cov(e.imm1,e.imm3)|     5.698     1     0.02    -.047769     -.0777995
     cov(e.imm1,e.euint)|    9.927     1     0.00    -.1370404    -.0701559
     cov(e.imm1,e.RWA)|    13.444     1     0.00     .1649165     .1875049
     cov(e.imm1,e.IMM)|    24.148     1     0.00    -.2332859    -.2652388
     cov(e.imm2,e.imm4)|     5.229     1     0.02     .0432545     .0586157
     cov(e.imm3,e.imm4)|     5.796     1     0.02     .0539967     .0804301
     cov(e.imm3,e.RWA)|    20.443     1     0.00    -.1922867    -.2754423
     cov(e.imm4,e.euint)|   14.097     1     0.00     .1802837     .08441
     cov(e.imm4,e.IMM)|    10.018     1     0.00     .1655693     .1721671
     cov(e.euint,e.RWA)|    16.473     1     0.00    -.4446687    -.2002181
     cov(e.euint,e.IMM)|     6.242     1     0.01     .2872507     .1293385
    -----------------------------------------------------------------
     EPC = expected parameter change
```

doch keinen signifikanten direkten Effekt mit „IMM". Allerdings gibt es auch hier Hinweise darauf, dass mangelnde diskriminante Validität der Indikatoren ein Problem sein könnte, wie z. B. hohe MI-Werte für eine Zuweisung von Indikatoren von „IMM" zu „RWA" und umgekehrt. Hingegen geben MI-Werte keinen eindeutigen Hinweis auf eine strukturelle Misspezifikation im Sinne einer fehlenden Spezifikation direkter Effekte zwischen den Konstrukten im Modell (s. auch die Analyse in Beispiel 41).

Abschließend wurden die standardisierten Residuen aus der Differenz $S - \Sigma(\theta)$ untersucht (s. dazu auch Kap. 9.4). Deren Muster legt ebenfalls gewisse Misspezifikationen nahe (s. Beispiel 43: Werte absolut > 3 in grau). Auffallend – und konsistent mit vorhergehenden Analysen – ist bspw. das hohe negative Residuum zwischen den Indikatoren „rwa1" und „rwa3", das auf eine Unterschätzung der positiven Kovarianz zwischen den beiden Indikatoren durch das Messmodell von „RWA" hindeutet. Eine mögliche Lösung für einen vergleichbaren Fall wäre, eine zusätzliche Residuenkovarianz (s. Kap. 6.8) oder einen zusätzlichen inhaltlichen Faktor (s. Kap. 6.9) einzuführen. Mehrere standardisierte Residuen > 3 (absolut) deuten auf die – bereits mehrfach erwähnte – mangelhafte diskriminante Validität der hier ausgewählten Indikatoren hin.

Beispiel 43 Standardisierte Residuen des Modells (AUTNES-Daten)

```
. quietly sem (OPENN -> ope?) (RWA -> rwa?) (IMM -> imm?) ///
> (OPENN -> RWA) (RWA -> IMM) (IMM -> euint), vce(sbentler)

. quietly estat residuals, standardized

. matrix list r(sres_cov), format(%4.2f) noheader

           ope1    ope2    rwa1    rwa2    rwa3    imm1    imm2    imm3    imm4    euint
    ope1  -0.00
    ope2     .       .
    rwa1   2.02    0.09    0.00
    rwa2   1.37   -3.16   -4.11    0.00
    rwa3   1.91   -1.38    7.96   -0.61    0.00
    imm1  -1.81   -0.87    1.78    4.35    1.91    0.00
    imm2  -1.14    3.81    0.01    1.91   -5.15   -1.32    0.00
    imm3  -5.07    1.98   -0.67   -0.24   -6.55   -0.75    0.27    0.00
    imm4  -2.32    4.52   -1.01   -1.29   -4.30   -0.24    1.28    0.64    0.00
    euint -1.58   -0.32   -0.70   -3.66   -1.54   -2.57    0.76   -0.11    2.67    0.00
```

10.11 Diskussion der Ergebnisse

Was sagen die Ergebnisse über das Modell und – allgemeiner – über die unterstellten Hypothesen aus? Generell wurde eine gute Anpassung des gesamten Modells an die Daten vorgefunden, d.h. die empirischen Muster können damit hinreichend gut erklärt werden. Auf der Messebene der untersuchten latenten Konstrukte (Messmodelle) zeigen sich allerdings einige Schwierigkeiten hinsichtlich der internen Übereinstimmung (Konvergenz, Reliabilität) und Abgrenzung (Diskriminanz) der verwendeten Indikatoren. Auf struktureller Ebene des Modells (Strukturmodell) konnten die vermuteten direkten und insbesondere indirekten Zusammenhänge weitgehend nachgewiesen werden bzw. sind sie laut der Evaluation der Gütemaße sowie alternativer Modellspezifikationen konsistent mit den Daten.

Auch sollte, wie weiter oben angedeutet, der tatsächliche Effekt einer Variablen und dessen statistische Signifikanz erst mit dem totalen Effekt beurteilt werden. Wir sehen also bspw., dass das Persönlichkeitsmerkmal Offenheit (positiver Effekt) als auch autoritäre Einstellungen (negativer Effekt) einen signifikanten Zusammenhang mit der Unterstützung Europäischer Integration aufweisen, obwohl, so die Annahme, per se kein direkter Effekt bestehen muss. Die reine Betrachtung direkter Zusammenhänge (einfache Regression) würde diese Art von Muster ignorieren. Die Beeinträchtigung durch Messfehler wurde ebenfalls deutlich. Das einfache Regressionsmodell mit manifesten Summenindizes würde bspw. keinerlei Zusammenhang der abhängigen Variable mit Offenheit diagnostizieren.

Ein weiterer Schritt in der Praxis ist oftmals das Einführen sogenannter Kontrollvariablen über das „Kernmodell" hinaus, d.h. die Aufnahme zusätzlicher, möglicherweise konfundierender Variablen, welche die Zusammenhänge der zentralen Konstrukte beeinflussen. So könnte es in allen der hier untersuchten Variablen bspw. Unterschiede hinsichtlich Alter und formaler Bildung der Respondentinnen und Respondenten geben. Eben dieser Ausschluss konfundierender Variablen und ihrer Störeffekte sollte es ermöglichen, dem tatsächlichen „kausalen Effekt" noch näher zu kommen.

Rückblick und Ausblick 11

> **Zusammenfassung**
>
> In diesem Abschlusskapitel werden zunächst die Grundidee und Vorteile der Anwendung von SEM wiederholt. Danach wird mittels Literaturhinweisen ein Überblick über weiterführende Themen und Anwendungen im Rahmen von SEM gegeben, die größtenteils in Stata umgesetzt werden können. Diese umfassen: SEM für Längsschnittdaten bzw. Panel-Daten, SEM für Gruppenvergleiche (Messinvarianz), verallgemeinerte SEM (nicht-lineare und Multilevel-Modelle), spezifische Formen von Hypothesen (Interaktionen latenter Variablen sowie nicht-rekursive Modelle), spezielle Beobachtungseinheiten (Meta-Analysen und Zwillingsstudien) sowie alternative Schätzmethoden für SEM.

11.1 Warum SEM anwenden?

Die Frage, die sich die Leserin oder der Leser am Ende des Tages berechtigterweise stellen darf ist, ob und wann es überhaupt sinnvoll ist, SEM in der (eigenen) Forschung anzuwenden. Die verkürzte – und zugegeben provokante – Antwort lautet vermutlich: „immer". Ein Grund liegt in der allgemeinen Form von SEM als Überbegriff vieler spezieller statistischer Modellarten. Ein weiterer Grund liegt in der Natur sozialwissenschaftlicher Daten. Sie sind so gut wie immer mit „Schwächen" (Messfehlern) behaftet und bilden selten die zu erfassenden theoretischen Variablen (Konstrukte) perfekt ab. Die Folgen, wenn dieser Umstand unberücksichtigt bleibt, sind, wie ausführlich versucht wurde zu zeigen, Inkonsistenz bzw. meist Unterschätzung in der Beschreibung von Zusammenhängen und potenziell falsche substanzielle Rückschlüsse (vgl. Cole & Preacher, 2014; Kahneman, 1965; Westfall & Yarkoni, 2016). In diesem Fall müsste man also bspw. die einfache Regression, d. h. das ansonsten so überlegene OLS-Modell mit ausschließlich manifesten Variablen, verlassen.

Man kann die angedeutete Problemstellung auch vergleichsweise einfach verdeutlichen und sich selbst die Frage stellen, woran man selbst (als Forscherin oder

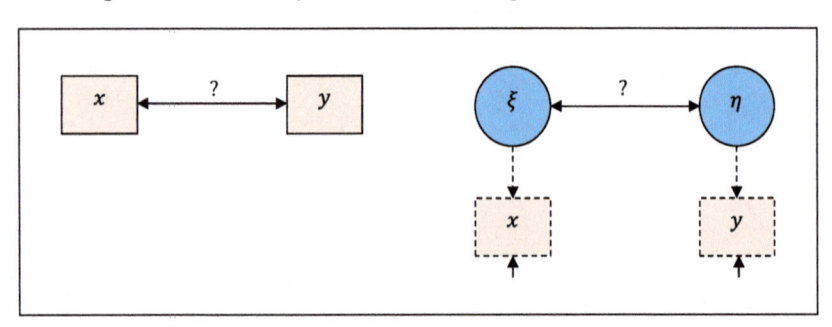

Abbildung 23 Abstraktion empirischer Zusammenhänge

Forscher) eigentlich interessiert ist (s. auch Saris & Stronkhorst, 1984, S. 294). Was wenn – abstrakt gesprochen – unsere gemessenen Variablen x und y immer nur mögliche Indikatoren und imperfekte Messungen der eigentlich interessierenden (latenten) Variablen/Konstrukte (hier: ξ und η) sind? Was wenn (unendlich) viele und jeweils austauschbare Indikatoren für sie existieren? SEM streben im Idealfall genau diese um Messfehler bereinigte Analyse von Variablenzusammenhängen an (s. Abbildung 23).

Ein weiterer Grund, der für die Anwendung von SEM spricht, ist, dass Hypothesen über empirische Zusammenhänge – sowohl als Strukturmodell als auch als Messmodell – in einem weit präziseren Ausmaß für andere explizit gemacht werden, bevor ein Modell anhand empirischer Daten getestet wird. Ein Pfaddiagramm oder aber die Formeln der Strukturgleichungen machen genau das. Dennoch sind alle Modelle, auch ein „gut" passendes SEM, letztlich nur Annäherungen an die Realität/Empirie. Ein SEM beweist im Grunde nicht, wie die Realität funktioniert oder die Struktur der Kausalität, sondern fragt lediglich: „Ist ein Modell hinreichend konsistent mit den empirischen Daten?"

11.2 Weitere Themen für SEM

Dieses Lehrbuch hat sich zum Ziel gesetzt, erste Einblicke in grundlegende Begriffe und die Anwendung von SEM im Rahmen der Sozial- und Verhaltenswissenschaften zu geben, deren Nutzen zu erörtern und deren praktische Umsetzung mit Stata zu erläutern. Damit ist dieses Themengebiet selbstverständlich nicht erschöpft. Allein die spezifische **wissenschaftliche Fragestellung** treibt ein theoretisches Modell an und dieses, zusammen genommen mit der jeweils erhobenen **Datenstruktur,** motiviert schließlich ein statistisches Modell, das mittels SEM ge-

11.2 Weitere Themen für SEM

prüft werden kann. Da Fragestellung, Methodenwahl und Forschungsdesign sehr vielfältig sein können, gilt dasselbe für mögliche zu formulierende Modelle auf Basis von SEM. Einige Fälle und Klassen von Modellen sowie Forschungsdesigns seien hier jedoch exemplarisch als weiterer Ausblick zur Anwendung von SEM angeführt.

Eine erste Klasse von Modellen und bedeutender Teilbereich von SEM-Analysen integriert den Faktor **Zeit** in die **Datenstruktur**. Dies sind daher alle Modelle auf Basis von **Längsschnittdaten** bzw. **Panel-Daten**. Darunter fallen z. B. (vgl. dazu Bollen & Curran, 2006; McArdle, 2009):

- Autoregressive Modelle (AR)
- Latente Wachstumskurven (LGC, *latent growth curves*)
- Mischungen aus AR mit LGC
- Kreuzverzögerte Effektmodelle (*cross-lagged regression*)
- Veränderung (Differenzen) in latenten Variablen (*latent change/difference scores*)
- Latent state-trait (LST) Modelle
- Modelle für unvollständige Panel-Wellen oder unterschiedliche Messzeitpunkte

Klassische Regressionsmodelle, die in der **Ökonometrie** verwendet werden, wie Fixed- und Random-Effects-Modelle für Panel-Daten, lassen sich ebenfalls als SEM spezifizieren (Bollen & Brand, 2010; Giesselmann & Windzio, 2013, Kap. 8). Spezielle SEM für Längsschnittdaten, wie z. B. LGC und LST, sind wiederum in Multilevel-SEM überführbar (Geiser et al., 2013).

Eine weitere Klasse von Modellen fokussiert stärker auf die Analyse von Aggregaten von Individuen. Nicht zuletzt haben systematische **Gruppenvergleiche** (von Ländern oder Subpopulationen) in den Sozialwissenschaften an Bedeutung gewonnen. Ein großer Teil dieser Literatur beschäftigt sich bspw. mit statistischen Modellen (SEM) zur Prüfung der Messinvarianz (Messäquivalenz), d. h. der möglichen Vergleichbarkeit von Messungen über Gruppen hinweg bzw. den Bedingungen unter denen substanzielle Vergleiche überhaupt möglich sind (vgl. Davidov et al., 2014; Vandenberg & Lance, 2000). Zentrale Fragen sind etwa, ob Messparameter, strukturelle Parameter und schließlich Mittelwerte latenter Variablen über verschiedene Gruppen hinweg ident sind. Diverse Optionen für Gruppenvergleiche, wie z. B. im Rahmen der Multi-Gruppen-Faktorenanalyse (MG-CFA), sind unter `sem paths ..., group(varname)` verfügbar.

Eine weitere Klasse von Modellen umfasst **verallgemeinerte SEM** (*generalized SEM*), denen in Stata mit `gsem` seit Version 13 ein eigener Befehl gewidmet ist. Dieser Befehl hat im Sinne der Analysemöglichkeiten Überschneidungen mit dem älteren Befehl gllamm.* Diese spezielle Erweiterung ermöglicht (1.) nicht-lineare (nicht-parametrische) funktionale Zusammenhänge zwischen Variablen bzw. zwischen Indikatoren und Konstrukten, wie z. B. ordinal-logistische oder multinomiale Regressionen (vgl. Muthén, 2002; Skrondal & Rabe-Hesketh, 2004), sowie (2.) die Integration von Multilevel-Modellen im Rahmen von SEM (vgl. Muthén, 1994; Rabe-Hesketh et al., 2004). Parameterschätzmethoden für ordinale Variablen basieren etwa auf der Sichtweise, dass ordinal bzw. dichotom skalierte Daten als Zerlegung einer zugrunde liegenden kontinuierlichen Variablen y^* (*response variable*) über ein **Schwellenwertmodell** (*thresholds*) und damit über polychorische Korrelationen (bei ordinalen Variablen) bzw. tetrachorische Korrelationen (bei dichotomen Variablen) beschreibbar sind (vgl. Finney & DiStefano, 2006; Muthén, 1984). Diverse nicht-lineare Modelle (Link-Funktionen), die etwa ein Schwellenwertmodell erfordern, sind in Stata über den gsem Befehl verfügbar. Der Befehl bietet allerdings derzeit (Version 14) nur die ML-Schätzung an, keine weiteren, oft überlegenen Schätzverfahren (s. dazu ausführlicher Finney & DiStefano, 2006).

Weitere Analysemöglichkeiten betreffen spezifische **Formen von Hypothesen** im Rahmen von SEM, wie bspw. nicht-lineare Effekte bzw. **Interaktionen** zwischen latenten Variablen. Innerhalb des sem Befehls in Stata gibt es hierfür derzeit (Version 14) keine direkte Umsetzung, wie bspw. eine Quasi-ML-Schätzung (Klein & Moosbrugger, 2000), die in der Software M*plus* implementiert ist. Andere gebräuchliche Varianten, die auf Produktindikatoren basieren (vgl. Bollen & Paxton, 1998; Marsh et al., 2004b), lassen sich dennoch mit dem sem Befehl spezifizieren. Spezialfälle der Analyse sind außerdem reziproke Effekte (Pfade) bzw. Feedback-Schleifen in SEM, sogenannte **nicht-rekursive Modelle**. Die Besonderheit liegt in der Möglichkeit der Identifikation dieser Art von Modellen als auch in der Interpretation von Effektkoeffizienten. Spezielle Bücher behandeln diese Modellklasse im Detail (Paxton et al., 2011) bzw. werden sie gesondert bei Acock (2013, Kap. 2.9) oder Reinecke (2014, Kap. 5.2) diskutiert.

Weiters seien Analysen mit speziellen **Beobachtungseinheiten** erwähnt. Hierzu zählen Neuerungen auf dem Gebiet der **Meta-Analysen,** die kumulierte Ergebnisse (Korrelationsmaße, Effektmaße) aus Studien extrahieren und analysieren, und häufiger in der Psychologie zum Einsatz kommen. Neuere Publikationen zeigen bspw. wie bekannte Formen der Meta-Analyse als SEM generell (vgl. Cheung, 2015) und daher auch mittels des sem Befehls in Stata spezifiziert werden können (Palmer & Sterne, 2015). Auch haben bspw. Daten aus **Zwillingsstudien** (*twin data*) in Disziplinen der Sozial- und Verhaltenswissenschaften Einzug gefunden. Diese werden zu einem Großteil mit SEM analysiert (vgl. Medland & Hatemi, 2009).

---

* Siehe: http://www.gllamm.org

11.2 Weitere Themen für SEM

Ein weiterer Aspekt betrifft Entwicklungen **alternativer Schätzmethoden** für SEM. Eine noch für viele Forscherinnen und Forscher wenig geläufige Variante stellt bspw. die **Bayes-Statistik** als eigener Zugang zur Statistik an sich dar, der auch Eingang in die Analyse mit SEM findet (kurz: BSEM) (vgl. Muthén & Asparouhov, 2012). Auch liegen heute verbesserte Schätzverfahren für de facto kategoriale Daten vor, die Mängel der ADF-Schätzung aufheben, sogenannte **robuste WLS** (*robust weighted least squares*) Schätzverfahren (vgl. Finney & DiStefano, 2006).

Einen alternativen Ansatz zu den kovarianzbasierten SEM-Verfahren, die im vorliegenden Text präsentiert wurden, stellt der varianzbasierte **PLS** (*partial least squares*) Ansatz dar (kurz: PLS-SEM), eine zweistufige Kleinst-Quadrate-Schätzung (vgl. Weiber & Mühlhaus, 2014). Unterschiede sind, dass de facto keine Verteilungsannahmen über Variablen getroffen werden und Konstrukte (Faktoren) – ähnlich zur PCA – lediglich als gewichtete Linearkombination (*linear composites*) der manifesten Indikatoren dargestellt werden. Der Fokus liegt hierbei auf Maximierung erklärter Varianz und Vorhersagekraft. Allerdings sind derzeit in Stata (Version 14) weder der BSEM-Ansatz, alternative WLS-Schätzer, noch PLS als Optionen innerhalb des sem Befehls integriert.

Mögliche Themen betreffen nicht zuletzt praktische **Problemstellungen** in der Anwendung von SEM und deren mögliche **Lösung**. Unter welchen Bedingungen ist die Anwendung von SEM möglich und sinnvoll? Welche Probleme treten häufig auf und welche Lösungen bieten sich an? Einen ausgezeichneten Überblick mit diesem Fokus bieten bspw. Urban und Mayerl (2014).

Appendix

Beschreibung der verwendeten Notation für SEM

	Name	Bedeutung
α	Alpha (klein)	Konstante (*intercept*) endogener Variablen
β	Beta (klein)	Regressionskoeffizient bzw. Faktorladung auf endogene Variable
C	C (groß)	Variable: Summenindex oder Composite Score
χ^2	Chi-Quadrat	Teststatistik
e	E (klein)	Variable: zufällige Messfehler (KTT)
ε	Epsilon (klein)	Variable: Residuum manifester Variablen (Stata: e. y)
η	Eta (klein)	Variable: endogen, latent
γ	Gamma (klein)	Regressionskoeffizient bzw. Faktorladung auf exogene Variable
κ	Kappa (klein)	Mittelwert exogener Variablen, $E(x)$ oder $E(\xi)$
μ	My (klein)	Modellimplizierter Mittelwert endog. Variablen, $E(y)$ oder $E(\eta)$
ϕ	Phi (klein)	Modellimplizierte Varianz/Kovarianz exogener Variablen
ψ	Psi (klein)	Modellimplizierte Residualvarianz/-kovarianz
r	R (klein)	Pearson-Korrelation
ρ	Rho (klein)	Koeffizient der Reliabilität
s	S (klein)	Variable: Spezifischer Varianzanteil (Teil des Residuums)
σ	Sigma (klein)	Modellimplizierte Varianz/Kovarianz endogener Variablen
x	X (klein)	Variable: exogen, manifest
ξ	Xi (klein)	Variable: exogen, latent
y	Ypsilon (klein)	Variable: endogen, manifest
ζ	Zeta (klein)	Variable: Residuum latenter Variablen (Stata: e. η)
$\hat{y}$	+ Dach	Geschätzter Parameter oder Variable
$\tilde{y}$	+ Tilde	Standardisierter Parameter oder Variable (z-transformiert)
$\bar{x}$	+ Überstrich	Empirischer Mittelwert einer Variablen (Stichprobe)
$\boldsymbol{\alpha}$	Alpha (klein)	Matrix aller Konstanten (*intercepts*)
$\mathbf{B}$	Beta (groß)	Matrix aller Regressionskoeffizienten auf endogene Variablen
$\boldsymbol{\eta}$	Eta (klein)	Matrix aller latenten endogenen Variablen
$\boldsymbol{\Gamma}$	Gamma (groß)	Matrix aller Regressionskoeffizienten auf exogene Variablen
$\boldsymbol{\kappa}$	Kappa (klein)	Matrix modellimplizierter Mittelwerte exogener Variablen, $E(X)$

μ	My (klein)	Matrix aller modellimplizierten Mittelwerte (Erwartungswerte)
μ_Y	My Y	Matrix modellimplizierte Mittelwerte endogener Variablen, $E(Y)$
Φ	Phi (groß)	Modellimplizierte Kovarianzmatrix exogener Variablen, $\widehat{Cov}(X)$
Ψ	Psi (groß)	Modellimplizierte Kovarianzmatrix der Residuen, $\widehat{Cov}(\zeta)$
S	S (groß)	Matrix der Stichprobenkovarianzen (empirisch)
Σ	Sigma (groß)	Matrix der Populationskovarianzen (unbekannt)
$\Sigma(\theta)$	Sigma-Theta	Modellimplizierte Kovarianzmatrix (gesamt)
$\Sigma_Y(\theta)$	Sigma-Theta Y	Modellimplizierte Kovarianzmatrix endogener Variablen, $\widehat{Cov}(Y)$
θ	Theta (klein)	Matrix aller modellimplizierten Parameter
X	X (groß)	Matrix aller exogenen Variablen
ξ	Xi (klein)	Matrix aller latenten exogenen Variablen
Y	Ypsilon (groß)	Matrix aller endogenen Variablen
ζ	Zeta (klein)	Matrix aller Residualvariablen

Abbildungsverzeichnis

Abbildung 1	Referenzen zu SEM im Textkorpus	6
Abbildung 2	Strukturmodell der Theory of Planned Behavior	10
Abbildung 3	Idealtypischer Ablauf der Anwendung von SEM und Kapitelhinweise	12
Abbildung 4	Benutzeroberfläche in Stata	14
Abbildung 5	Beispiel für ein Regressionsmodell (Pfaddiagramm)	27
Abbildung 6	Effektzerlegung der multiplen linearen Regression (Pfaddiagramm)	29
Abbildung 7	Beispiel für ein Pfadmodell	48
Abbildung 8	Allgemeines Pfadmodell	49
Abbildung 9	Modell der Klassischen Testtheorie	61
Abbildung 10	Abschwächung der Korrelation durch Messfehler	63
Abbildung 11	Korrelation mit Minderungskorrektur	64
Abbildung 12	Bivariate Regression mit Messfehlern in der exogenen Variablen	66
Abbildung 13	Regression mit Minderungskorrekturen (errors-in-variables Regression)	69
Abbildung 14	Reflektives Messmodell für einen latenten Faktor	74
Abbildung 15	Faktoren höherer Ordnung und Subdimensionen von Indikatoren	90
Abbildung 16	Zusammenhang zwischen latenter Variable und Summenscore	99
Abbildung 17	Summenscore bzw. latente Variable und Regression auf exogene Variablen	100
Abbildung 18	Formatives Messmodell für einen latenten Faktor	101
Abbildung 19	Beispiel für ein vollständiges SEM (Pfaddiagramm)	104
Abbildung 20	Einordnung der Datenstruktur	110
Abbildung 21	Beispielhafte Ergebnisdarstellung über Schätzparameter im Pfaddiagramm	136
Abbildung 22	Theoretisches Modell im Anwendungsbeispiel	138
Abbildung 23	Abstraktion empirischer Zusammenhänge	164

Tabellenverzeichnis

Tabelle 1	Konventionen in der Darstellung von SEM als Pfaddiagramm	22
Tabelle 2	Lineare Regression als SEM in Stata	40
Tabelle 3	Formulierung eines Pfadmodells in Stata	49
Tabelle 4	Arten von Kausalhypothesen als Pfaddiagramme	52
Tabelle 5	Beispiel für die Effektzerlegung in direkte, indirekte und totale Effekte	55
Tabelle 6	Fiktive Korrelationsmatrix (wahre Werte, Messfehler, Messungen)	65
Tabelle 7	Modelle latenter Variablen	73
Tabelle 8	Zahl der Indikatoren und Identifikation im 1-Faktor-Messmodell	81
Tabelle 9	Vergleich der Varianten EFA und CFA in Stata (2-Faktoren-Messmodell)	83
Tabelle 10	Arten von Messmodellen bzw. Indikatoren	86
Tabelle 11	Verfahren zur Parameterschätzung in linearen SEM in Stata	113
Tabelle 12	Verfahren zur Varianzschätzung (Standardfehler) in linearen SEM in Stata	113
Tabelle 13	Kombinationen der Verfahren zur Parameter- und Varianzschätzung in Stata	116
Tabelle 14	Beispiele für das Einführen von Modellrestriktionen in SEM in Stata	119
Tabelle 15	Goodness-of-fit-Maße (Gütemaße) und Interpretation der Kennwerte	128
Tabelle 16	Beispiel für den Aufbau eines Modellvergleichs mehrerer SEM	129
Tabelle 17	Modellvergleich für 2- und 3-Faktoren-Modell (AUTNES Daten)	148
Tabelle 18	Vergleich der Modellergebnisse im Anwendungsbeispiel	156

Verzeichnis der Beispiele

Beispiel 1	Erstellung fiktiver Daten für Analysebeispiele – Variante 1	17
Beispiel 2	Erstellung fiktiver Daten für Analysebeispiele – Variante 2	30
Beispiel 3	Schritte der Effektzerlegung in der linearen Regression	31
Beispiel 4	Standardisierung von Regressionskoeffizienten (lineare Regression)	33
Beispiel 5	Reproduktion der Kovarianzstruktur in der linearen Regression	37
Beispiel 6	Reproduktion der Mittelwertstruktur in der linearen Regression	39
Beispiel 7	Vergleich lineare OLS-Regression vs. Regression mittels SEM	41
Beispiel 8	Berechnung der erklärten Varianz – Variante 1	43
Beispiel 9	Berechnung der erklärten Varianz – Variante 2	44
Beispiel 10	Vergleich F-Test (Regression und ANOVA) vs. Wald-Test für SEM	45
Beispiel 11	Regression ohne und mit Minderungskorrektur	67
Beispiel 12	Regression mit Minderungskorrekturen: SEM-Ansatz	70
Beispiel 13	Varianten der Spezifikation eines 1-Faktor-Messmodells	78
Beispiel 14	Schätzung der Item-Reliabilität bzw. Kommunalität	93
Beispiel 15	Reliabilität einer Skala nach Cronbach	94
Beispiel 16	Varianten zur Schätzung der Composite Reliability	97
Beispiel 17	Testen einzelner Modellparameter	121
Beispiel 18	Problem während der Modellschätzung (keine Konvergenz)	123
Beispiel 19	Problem während der Modellschätzung (keine adäquate Schätzung möglich)	123
Beispiel 20	Probleme nach der Modellschätzung (Heywood Case)	124
Beispiel 21	Manuelle Berechnung des skalierten (Satorra-Bentler) χ^2-Differenztests	131
Beispiel 22	Ergebnisdarstellung über Tabellen und Speichern der Ergebnisse	135
Beispiel 23	Aufbereitung der Originaldaten und Variablen	139
Beispiel 24	Verwendete Variablenliste und deskriptive Statistiken	140

Beispiel 25 Deskriptive Statistiken und Item-Korrelationen 140
Beispiel 26 Prüfung der Normalverteilung der Daten 141
Beispiel 27 Beispiel für eine explorative Faktorenanalyse (EFA) 143
Beispiel 28 Postestimation-Befehl in der EFA: KMO-Kriterium 144
Beispiel 29 Korrelationsmatrix der Faktoren (EFA) 144
Beispiel 30 Beispiel für eine konfirmatorische Faktorenanalyse (CFA) 145
Beispiel 31 Gütemaße des 3-Faktoren-Modells (CFA) 146
Beispiel 32 Likelihood-Ratio-Test (χ^2-Differenztest)
            für ein 2- vs. 3-Faktoren-Modell 147
Beispiel 33 Konvergente und diskriminante Validität von Items 149
Beispiel 34 Reliabilitätsschätzung über Alpha nach Cronbach 150
Beispiel 35 Reliabilitätsschätzung über Composite Reliability 151
Beispiel 36 Bildung von Summenindizes 151
Beispiel 37 Korrelationsmatrix der untersuchten Variablen
            (Summenscores) 152
Beispiel 38 Korrelationsmatrix der untersuchten Variablen (SEM-basiert) . . . 153
Beispiel 39 Klassische lineare OLS-Regression 154
Beispiel 40 Berechnung standardisierter totaler/indirekter Effekte
            (SB-Schätzer) 155
Beispiel 41 Modellvergleich mit Satorra-Bentler-χ^2-Differenztest 157
Beispiel 42 Auszug der Modifikationsindizes 158
Beispiel 43 Standardisierte Residuen des Modells 160

Literatur

Acock, A. C. (2013). *Discovering structural equation modeling using Stata.* Stata Press books.
Aichholzer, J., & Zeglovits, E. (2015). Balancierte Kurzskala autoritärer Einstellungen (B-RWA-6). In *Zusammenstellung sozialwissenschaftlicher Items und Skalen.* DOI:10.6102/zis239.
Ajzen, I. (1991). The theory of planned behavior. *Organizational Behavior and Human Decision Processes, 50,* 179–211.
Akaike, H. (1987). Factor analysis and AIC. *Psychometrika, 52,* 317–332.
Alwin, D. F. (2007). *Margins of error: A study of reliability in survey measurement.* Hoboken, NJ: Wiley.
Arzheimer, K. (2016). *Strukturgleichungsmodelle: Eine anwendungsorientierte Einführung.* Wiesbaden: Springer VS.
Asparouhov, T., & Muthén, B. (2009). Exploratory structural equation modeling. *Structural Equation Modeling, 16,* 397–438.
Bandalos, D. L. (2002). The effects of item parceling on goodness-of-fit and parameter estimate bias in structural equation modeling. *Structural Equation Modeling, 9,* 78–102.
Baron, R. M., & Kenny, D. A. (1986). The moderator-mediator variable distinction in social psychological research: Conceptual, strategic, and statistical considerations. *Journal of Personality and Social Psychology, 51,* 1173–1182
Barrett, P. (2007). Structural equation modelling: Adjudging model fit. *Personality and Individual Differences, 42,* 815–824.
Bentler, P. M. (1990). Comparative fit indexes in structural models. *Psychological Bulletin, 107,* 238–246.
Bentler, P. M., & Bonett, D. G. (1980). Significance tests and goodness of fit in the analysis of covariance structures. *Psychological Bulletin, 88,* 588–606.
Bollen, K. A. (1987). Total, direct, and indirect effects in structural equation models. *Sociological Methodology, 17,* 37–69.
Bollen, K. A. (1989). *Structural equations with latent variables.* New York: Wiley.
Bollen, K. A., & Bauldry, S. (2011). Three Cs in measurement models: causal indicators, composite indicators, and covariates. *Psychological Methods, 16,* 265–284.
Bollen, K. A., & Brand, J. E. (2010). A general panel model with random and fixed effects: A structural equations approach. *Social Forces, 89,* 1–34.
Bollen, K. A., & Curran, P. J. (2006). *Latent curve models: A structural equation perspective.* Hoboken, NJ: Wiley.

Bollen, K. A., & Lennox, R. (1991). Conventional wisdom on measurement: A structural equation perspective. *Psychological Bulletin, 110,* 305–314.
Bollen, K. A., & Paxton, P. (1998). Interactions of latent variables in structural equation models. *Structural Equation Modeling, 5,* 267–293.
Boomsma, A., & Hoogland, J. J. (2001). The robustness of LISREL modeling revisited. In R. Cudeck, S. H. C. du Toit, & D. Sörbom (Hrsg.), *Structural equation models: Present and future. A festschrift in honor of Karl Jöreskog* (S. 139–168). Lincolnwood: Scientic Software International.
Borsboom, D., Mellenbergh, G. J., & van Heerden, J. (2004). The concept of validity. *Psychological Review, 111,* 1061–1071.
Borsboom, D. (2008). Latent variable theory. *Measurement: Interdisciplinary Research and Perspectives, 6,* 25–53.
Brambor, T., Clark, W. R., & Golder, M. (2006). Understanding interaction models: Improving empirical analyses. *Political Analysis, 14,* 63–82.
Brown, T. A. (2006). *Confirmatory factor analysis for applied research.* New York: Guilford Press.
Browne, M. W. (1984). Asymptotically distribution-free methods for the analysis of covariance structures. *British Journal of Mathematical and Statistical Psychology, 37,* 62–83.
Browne, M. W., & Cudeck, R. (1992). Alternative ways of assessing model fit. *Sociological Methods & Research, 21,* 230–258.
Campbell, D. T., & Fiske, D. W. (1959). Convergent and discriminant validation by the multitrait-multimethod matrix. *Psychological Bulletin, 56,* 81–105.
Chen, F., Bollen, K. A., Paxton, P., Curran, P. J., & Kirby, J. B. (2001). Improper solutions in structural equation models: causes, consequences, and strategies. *Sociological Methods & Research, 29,* 468–508.
Chen, F., Curran, P. J., Bollen, K. A., Kirby, J., & Paxton, P. (2008). An empirical evaluation of the use of fixed cutoff points in RMSEA test statistic in structural equation models. *Sociological Methods & Research, 36,* 462–494.
Chen, F. F., West, S. G., & Sousa, K. H. (2006). A comparison of bifactor and second-order models of quality of life. *Multivariate Behavioral Research, 41,* 189–225.
Cheung, G. W., & Rensvold, R. B. (2002). Evaluating goodness-of-fit indexes for testing measurement invariance. *Structural Equation Modeling, 9,* 233–255.
Cheung, M. W. L. (2015). *Meta-analysis: A structural equation modeling approach.* Chichester: Wiley.
Cho, E., & Kim, S. (2015). Cronbach's Coefficient Alpha: Well Known but Poorly Understood. *Organizational Research Methods, 18,* 207–230.
Cohen, J. (1992). A power primer. *Psychological Bulletin, 112,* 55–159.
Cole, D. A., Maxwell, S. E., Arvey, R., & Salas, E. (1993). Multivariate group comparisons of variable systems: MANOVA and structural equation modeling. *Psychological Bulletin, 114,* 174–184.
Cole, D. A., & Preacher, K. J. (2014). Manifest variable path analysis: Potentially serious and misleading consequences due to uncorrected measurement error. *Psychological Methods, 19,* 300–315.

Cronbach, L. J. (1951). Coefficient alpha and the internal structure of tests. *Psychometrika, 16*, 297–334.

Danner, D. (2015). *Reliabilität – die Genauigkeit einer Messung*. Mannheim: GESIS.

Davidov, E., Meuleman, B., Cieciuch, J., Schmidt, P., & Billiet, J. (2014). Measurement Equivalence in Cross-National Research. *Annual Review of Sociology, 40*, 55–75.

Diamantopoulos, A., & Winklhofer, H. M. (2001). Index construction with formative indicators: An alternative to scale development. *Journal of Marketing Research, 38*, 269–277.

Diaz-Bone, R. (2013). *Statistik für Soziologen*. (2. Aufl.) Stuttgart: UTB; Konstanz: UVK.

Diekmann, A. (2012). *Empirische Sozialforschung: Grundlagen, Methoden, Anwendungen*. (6. Aufl.) Reinbek: Rowohlt.

Doornik, J. A., & Hansen, H. (2008). An omnibus test for univariate and multivariate normality. *Oxford Bulletin of Economics and Statistics, 70*, 927–939.

Duckitt, J., & Sibley, C. G. (2009). A dual-process motivational model of ideology, politics, and prejudice. *Psychological Inquiry, 20*, 98–109.

Edwards, J. R., & Bagozzi, R. P. (2000). On the nature and direction of relationships between constructs and measures. *Psychological Methods, 5*, 155–174.

Edwards, J. R., & Lambert, L. S. (2007). Methods for integrating moderation and mediation: a general analytical framework using moderated path analysis. *Psychological Methods, 12*, 1–22.

Efron, B. (1979). Bootstrap methods: Another look at the jackknife. *Annals of Statistics, 7*, 1–26.

Enders, C. K. (2001). A primer on maximum likelihood algorithms available for use with missing data. *Structural Equation Modeling, 8*, 128–141.

Enders, C. K., & Bandalos, D. L. (2001). The relative performance of full information maximum likelihood estimation for missing data in structural equation models. *Structural Equation Modeling, 8*, 430–457.

Finney, S. J., & DiStefano, C. (2006). Non-normal and categorical data in structural equation modeling. In G. R. Hancock & R. O. Mueller (Hrsg.), *Structural equation modeling: A second course* (S. 269–314). Greenwich, CT: Information Age Publishing.

Fornell, C. & Larcker, D. F. (1981). Evaluating structural equation models with unobservable variables and measurement error. *Journal of Marketing Research, 18*, 39–50.

Geiser, C., Bishop, J., Lockhart, G., Shiffman, S., & Grenard, J. L. (2013). Analyzing latent state-trait and multiple-indicator latent growth curve models as multilevel structural equation models. *Frontiers in Psychology, 4*, 975.

Gerbing, D. W., & Anderson, J. C. (1984). On the meaning of within-factor correlated measurement errors. *Journal of Consumer Research, 11*, 572–580.

Giesselmann, M., & Windzio, M. (2013). *Regressionsmodelle zur Analyse von Paneldaten*. Wiesbaden: Springer VS.

Graham, J. M. (2006). Congeneric and (Essentially) Tau-Equivalent Estimates of Score Reliability: What They Are and How to Use Them. *Educational and Psychological Measurement, 66*, 930–944.

Hershberger, S. L. (2006). The problem of equivalent structural models. In G. R. Hancock & R. O. Mueller (Hrsg.), *Structural equation modeling: A second course* (S. 13–41). Greenwich, CT: Information Age Publishing.
Hirschfeld, G., von Brachel, R., & Thielsch, M. (2014). Selecting items for Big Five questionnaires: At what sample size do factor loadings stabilize? *Journal of Research in Personality, 53*, 54–63.
Hsu, H. Y., Troncoso Skidmore, S., Li, Y., & Thompson, B. (2014). Forced zero cross-loading misspecifications in measurement component of structural equation models: Beware of even „small" misspecifications. *Methodology, 10*, 138–152.
Hu, L. T., & Bentler, P. M. (1999). Cutoff criteria for fit indexes in covariance structure analysis: Conventional criteria versus new alternatives. *Structural Equation Modeling, 6*, 1–55.
Jann, B. (2007). Making regression tables simplified. *Stata Journal, 7*(2), 227–244.
Jöreskog, K. G. (1969). A general approach to confirmatory maximum likelihood factor analysis. *Psychometrika, 34*, 183–202.
Jöreskog, K. G. (1978). Structural analysis of covariance and correlation matrices. *Psychometrika, 43*, 443–477.
Jöreskog, K. G., & Goldberger, A. S. (1975). Estimation of a model with multiple indicators and multiple causes of a single latent variable. *Journal of the American Statistical Association, 70*, 631–639.
Jöreskog, K. G., & Sörbom, D. (1981). *LISREL V: Analysis of linear structural relationships by the method of maximum likelihood*. Chicago: National Educational Resources.
Kahneman, D. (1965). Control of spurious association and the reliability of the controlled variable. *Psychological Bulletin, 64*, 326–329.
Kaiser, H. F. (1974). An index of factorial simplicity. *Psychometrika, 39*, 31–36.
Kenny, D. A. (1979). *Correlation and causality*. New York: Wiley.
Kenny, D. A., Kaniskan, B., & McCoach, D. B. (2015). The performance of RMSEA in models with small degrees of freedom. *Sociological Methods & Research, 44*, 486–507.
King, G., & Roberts, M. E. (2015). How robust standard errors expose methodological problems they do not fix, and what to do about it. *Political Analysis, 23*, 159–179.
Klein, A., & Moosbrugger, H. (2000). Maximum likelihood estimation of latent interaction effects with the LMS method. *Psychometrika, 65*, 457–474.
Kohler, U., & Kreuter, F. (2012). *Datenanalyse mit Stata: Allgemeine Konzepte der Datenanalyse und ihre praktische Anwendung*. München: Oldenbourg.
Kolenikov, S. (2009). Confirmatory factor analysis using confa. *Stata Journal, 9*, 329–373.
Kritzinger, S., Zeglovits, E., Aichholzer, J., Glantschnigg, C., Glinitzer, K., Johann, D., Thomas, K., & Wagner, M. (2016a). *AUTNES Pre- and Post Panel Study 2013*. (www.autnes.at). GESIS Datenarchiv: Köln. ZA5859 Datenfile Version 2.0.0.
Kritzinger, S., Zeglovits, E., Aichholzer, J., Glantschnigg, C., Glinitzer, K., Johann, D., Thomas, K., & Wagner, M. (2016b). *AUTNES pre- and post-election survey 2013 – Documentation* (Edition 2). Wien: Universität Wien.

Lewis-Beck, M. (1980). *Applied Regression: An Introduction.* Sage: Quantitative Applications in the Social Sciences.
Little, T. D., Cunningham, W. A., Shahar, G., & Widaman, K. F. (2002). To parcel or not to parcel: Exploring the question, weighing the merits. *Structural Equation Modeling, 9,* 151–173.
Lord, F. M., & Novick, M. R. (1968). *Statistical theories of mental test scores.* Reading, MA: Addison-Wesley.
MacKinnon, D. P., Krull, J. L., & Lockwood, C. M. (2000). Equivalence of the mediation, confounding and suppression effect. *Prevention Science, 1,* 173–181.
Marsh, H. W., Hau, K.-T., & Wen, Z. (2004a). In search of golden rules: Comment on hypothesis-testing approaches to setting cutoff values for fit indexes and dangers in overgeneralizing Hu and Bentler's (1999) findings. *Structural Equation Modeling, 11,* 320–341.
Marsh, H. W., Wen, Z., & Hau, K.-T. (2004b). Structural equation models of latent interactions: evaluation of alternative estimation strategies and indicator construction. *Psychological Methods, 9,* 275.
McArdle, J. J. (2009). Latent variable modeling of differences and changes with longitudinal data. *Annual Review of Psychology, 60,* 577–605.
McDonald, R. P. (1999). *Test theory: A unified treatment.* Hillsdale: Erlbaum.
McDonald, R. P., & Ho, M.-H. R. (2002). Principles and practice in reporting structural equation analyses. *Psychological Methods, 7,* 64–82.
Medland, S. E., & Hatemi, P. K. (2009). Political science, biometric theory, and twin studies: A methodological introduction. *Political Analysis, 17,* 191–214.
Mehmetoglu, M. (2015a). *CONDISC: Stata module to perform convergent and discriminant validity assessment in CFA.* Boston College Department of Economics: Statistical Software Components.
Mehmetoglu, M. (2015b). *RELICOEF: Stata module to compute Raykov's factor reliability coefficient.* Boston College Department of Economics: Statistical Software Components.
Moosbrugger, H. (2008). Klassische Testtheorie (KTT). In H. Moosbrugger & A. Kelava (Hrsg.), *Testtheorie und Fragebogenkonstruktion* (S. 99–112). Heidelberg: Springer.
Muthén, B. (1984). A general structural equation model with dichotomous, ordered categorical, and continuous latent variable indicators. *Psychometrika, 49,* 115–132.
Muthén, B. (1994). Multilevel covariance structure analysis. *Sociological Methods & Research, 22,* 376–398.
Muthén, B. (2002). Beyond SEM: General latent variable modeling. *Behaviormetrika, 29,* 81–117.
Muthén, B., & Asparouhov, T. (2012). Bayesian structural equation modeling: a more flexible representation of substantive theory. *Psychological Methods, 17,* 313–335.
Muthén, L. K., & Muthén, B. (2002). How to use a Monte Carlo study to decide on sample size and determine power. *Structural Equation Modeling, 9,* 599–620.

Muthén, B., & Muthén, L. K. (2007). *Standardized Residuals in Mplus*. Url: http://www.statmodel.com/download/StandardizedResiduals.pdf

Palmer, T. M., & Sterne, J. A. (2015). Fitting fixed-and random-effects meta-analysis models using structural equation modeling with the sem and gsem commands. *Stata Journal, 15*, 645–671.

Paxton, P. M., Hipp, J. R., & Marquart-Pyatt, S. (2011). *Nonrecursive models: Endogeneity, reciprocal relationships, and feedback loops*. Sage: Quantitative Applications in the Social Sciences.

Podsakoff, P. M., MacKenzie, S. B., & Podsakoff, N. P. (2012). Sources of method bias in social science research and recommendations on how to control it. *Annual Review of Psychology, 63*, 539–569.

Preacher, K. J., & Hayes, A. F. (2008). Asymptotic and resampling strategies for assessing and comparing indirect effects in multiple mediator models. *Behavior Research Methods, 40*, 879–891.

Preacher, K. J., Rucker, D. D., & Hayes, A. F. (2007). Addressing moderated mediation hypotheses: Theory, methods, and prescriptions. *Multivariate Behavioral Research, 42*, 185–227.

Rabe-Hesketh, S., Skrondal, A., & Pickles, A. (2004). Generalized multilevel structural equation modeling. *Psychometrika, 69*, 167–190.

Rammstedt, B. (2010). Reliabilität, Validität, Objektivität. In C. Wolf & H. Best (Hrsg.), *Handbuch der sozialwissenschaftlichen Datenanalyse* (S. 239–258). Wiesbaden: Springer VS.

Rammstedt, B., & John, O. P. (2007). Measuring personality in one minute or less: A 10-item short version of the Big Five Inventory in English and German. *Journal of Research in Personality, 41*, 203–212.

Raykov, T. (1997). Estimation of composite reliability for congeneric measures. *Applied Psychological Measurement, 21*, 173–184.

Raykov, T., & Marcoulides, G. A. (2011). *Introduction to psychometric theory*. New York: Routledge.

Raykov, T., & Marcoulides, G. A. (2016). On examining specificity in latent construct indicators. *Structural Equation Modeling, 23*, 845–855.

Raykov, T., & Shrout, P. E. (2002). Reliability of scales with general structure: Point and interval estimation using a structural equation modeling approach. *Structural Equation Modeling, 9*, 195–212.

Reinecke, J. (2014). *Strukturgleichungsmodelle in den Sozialwissenschaften*. (2. Aufl.) München: Oldenbourg.

Reise, S. P. (2012). The rediscovery of bifactor measurement models. *Multivariate Behavioral Research, 47*, 667–696.

Rhemtulla, M., Brosseau-Liard, P. É., & Savalei, V. (2012). When can categorical variables be treated as continuous? A comparison of robust continuous and categorical SEM estimation methods under suboptimal conditions. *Psychological Methods, 17*, 354–373.

Saris, W. E., & Gallhofer, I. N. (2007). *Design, evaluation and analysis of questionnaires for survey research*. Hoboken, NJ: Wiley.

Saris, W. E., Oberski, D., Revilla, M., Zavalla, D., Lilleoja, L., Gallhofer, I. N., & Grüner, T. (2011). *The development of the program SQP 2.0 for the prediction of the quality of survey questions.* RECSM working paper.

Saris, W. E., Satorra, A., & Sörbom, D. (1987). The detection and correction of specification errors in structural equation models. *Sociological Methodology, 17*, 105–129.

Saris, W. E., Satorra, A., & van der Veld, W. M. (2009). Testing structural equation models or detection of misspecifications? *Structural Equation Modeling, 16*, 561–582.

Saris, W. E., & Stronkhorst, L. H. (1984). *Causal modelling in nonexperimental research: An introduction to the LISREL approach.* Amsterdam: Sociometric Research Foundation.

Sass, D. A., & Schmitt, T. A. (2010). A comparative investigation of rotation criteria within exploratory factor analysis. *Multivariate Behavioral Research, 45*, 73–103.

Satorra, A., & Bentler, P. M. (1994). Corrections to test statistics and standard errors in covariance structure analysis. In A. von Eye & C. C. Clogg (Hrsg.), *Latent Variables Analysis: Applications for Developmental Research* (S. 399–419). Thousand Oaks: Sage.

Satorra, A., & Bentler, P. M. (2001). A scaled difference chi-square test statistic for moment structure analysis. *Psychometrika, 66*, 507–514.

Schermelleh-Engel, K., Moosbrugger, H., & Müller, H. (2003). Evaluating the Fit of Structural Equation Models: Tests of Significance and Descriptive Goodness-of-Fit Measures. *Methods of Psychological Research Online, 8*, 23–74.

Schnell, R., Hill, P. B., & Esser, E. (2008). *Methoden der empirischen Sozialforschung.* (8. Aufl.) München; Wien: Oldenbourg.

Schönbrodt, F. D., & Perugini, M. (2013). At what sample size do correlations stabilize? *Journal of Research in Personality, 47*, 609–612.

Schreiber, J. B., Nora, A., Stage, F. K., Barlow, E. A., & King, J. (2006). Reporting structural equation modeling and confirmatory factor analysis results: A review. *The Journal of Educational Research, 99*, 323–338.

Schwarz, G. (1978). Estimating the dimension of a model. *The Annals of Statistics, 6*, 461–464.

Shapiro, S. S., & Francia, R. S. (1972). An approximate analysis of variance test for normality. *Journal of the American Statistical Association, 67*, 215–216.

Skrondal, A., & Rabe-Hesketh, S. (2004). *Generalized latent variable modeling: Multilevel, longitudinal, and structural equation models:* CRC Press.

Sobel, M. E. (1987). Direct and indirect effects in linear structural equation models. *Sociological Methods & Research, 16*, 155–176.

Sörbom, D. (1989). Model modification. *Psychometrika, 54*, 371–384.

Spearman, C. (1904a). „General Intelligence," Objectively Determined and Measured. *American Journal of Psychology, 15*, 201–293.

Spearman, C. (1904b). The proof and measurement of association between two things. *American Journal of Psychology, 15*, 72–101.

StataCorp. (2015). *Stata Structural Equation Modeling Reference Manual: Release 14.* College Station, TX: StataCorp LP.

Steiger, J. H. (1990). Structural model evaluation and modification: An interval estimation approach. *Multivariate Behavioral Research, 25,* 173–180.
Steiger, J. H., Shapiro, A., & Browne, M. W. (1985). On the multivariate asymptotic distribution of sequential chi-square statistics. *Psychometrika, 50,* 253–263.
Stevens, S. S. (1946). On the theory of scales of measurement. *Science, 103,* 677–680.
Thurstone, L. L. (1947). *Multiple Factor Analysis.* Chicago: Univ. of Chicago Press.
Tucker, L. R., & Lewis, C. (1973). A reliability coefficient for maximum likelihood factor analysis. *Psychometrika, 38,* 1–10.
Urban, D., & Mayerl, J. (2014). *Strukturgleichungsmodellierung: Ein Ratgeber für die Praxis.* Wiesbaden: Springer VS.
Vandenberg, R. J., & Lance, C. E. (2000). A review and synthesis of the measurement invariance literature: Suggestions, practices, and recommendations for organizational research. *Organizational Research Methods, 3,* 4–70.
Verbeek, M. (2012). *A guide to modern econometrics.* (2. Aufl.) Chichester: Wiley.
Weiber, R., & Mühlhaus, D. (2014). *Strukturgleichungsmodellierung: Eine anwendungsorientierte Einführung in die Kausalanalyse mit Hilfe von AMOS, SmartPLS und SPSS.* (2. Aufl.) Berlin: Springer Gabler.
Westfall, J., & Yarkoni, T. (2016). Statistically controlling for confounding constructs is harder than you think. *PLoS ONE, 11,* e0152719.
White, H. (1980). A heteroskedasticity-consistent covariance matrix estimator and a direct test for heteroskedasticity. *Econometrica, 48,* 817–838.
Widaman, K. F. (2012). Exploratory factor analysis and confirmatory factor analysis. In H. Cooper, et al. (Hrsg.), *APA handbook of research methods in psychology, Vol 3: Data analysis and research publication* (S. 361–389). Washington, DC: APA.
Wolf, C. & Best, H. (2010). Lineare Regressionsanalyse. In C. Wolf & H. Best (Hrsg.), *Handbuch der sozialwissenschaftlichen Datenanalyse* (S. 607–638). Wiesbaden: Springer VS.
Wolf, E. J., Harrington, K. M., Clark, S. L., & Miller, M. W. (2013). Sample size requirements for structural equation models: an evaluation of power, bias, and solution propriety. *Educational and Psychological Measurement, 73,* 913–934.
Wright, S. (1934). The method of path coefficients. *Annals of Mathematical Statistics, 5,* 161–215.
Yuan, K. H., Chan, W., Marcoulides, G. A., & Bentler, P. M. (2016). Assessing structural equation models by equivalence testing with adjusted fit indexes. *Structural Equation Modeling, 23,* 319–330.

Index

A
Alpha Siehe Reliabilität
ANOVA   6, 44, 100
   oneway   44
Äquivalente Modelle   10, 131
Ausgabe
   , cformat()   30
   , noheader   30
   quietly   30
   set more off   16
AUTNES   138

C
CFA   82, 142
   Independent clusters model   85

D
Daten
   Beobachtungsdaten   8, 9
   corr2data   29
   Datenformate   16
   Datenstruktur   109, 112
   Experiment   9
   Längsschnittdaten   8, 61, 76, 89, 109, 165
   Querschnittdaten   8, 109
   ssd   17
   use   16
   Zusammengefasste Parameter   17
Deskriptive Statistik
   summarize   23
   tabstat   23

E
EFA   81, 142
   estat common   142
   estat kmo   142
   factor   77, 83
   rotate   83
   Rotation   82, 83, 85, 142
Effekt
   Erklärung (Konfundierung)   29, 51, 68
   Interaktion   52
   Mediation   51
   Moderation   53
   Moderierte Mediation   53
   Monokausal   52
   Multikausal   52
   Reziprok, nicht-rekursiv   52, 53, 166
   Suppression   29, 51
   Totaler Effekt   54
Effektzerlegung   28, 54, 55
Dekompositionsregel   34, 38, 56
Ergebnisse
   display   16
   ereturn list   16
   esttab   134, 135
   matrix list   16
   return list   16
Ergebnisse speichern
   estimates store   129
   eststo   134
   esttab   135
   scalar   36
Erklärte Varianz   42, 92
Errors-in-variables Regression   67, 68
   eivreg   67

estat
  eqgof 40, 42, 93
  eqtest 44
  framework 77, 103
  gof 126, 127, 131
  ic 131
  mindices 132, 158
  residuals 133
  teffects 49, 55, 154
Explorative Faktorenanalyse *Siehe EFA*

Gütemaße 12, 127
  AIC 131
  BIC 131
  CD 127
  CFI 128
  estat gof 127, 146
  PCLOSE (für RMSEA) 128
  R^2 (Determinationskoeffizient) 42
  RMSEA 128
  SRMR 128
  TLI 128

F

Faktorenanalyse 6, 73, 74
Fehlende Werte 113
  FIML 114, 115
  Imputation 115
  Listenweiser Fallausschluss 113, 115, 150
  mi estimate: 115
  , method(mlmv) 113
Fehler 1. Art 68, 114
Fornell-Larcker-Kriterium 87, 148
Freiheitsgrade 120

G

Geschachtelte Modelle 126, 129, 147
Geschätzte Mittelwertstruktur
  Faktorenanalyse 76
  Pfadmodell/SEM 57, 104
  Regression 38
Geschätzte Parameter
  Abhängige (endogene) Variable 26, 42
  Indikatorvarianz 84
  predict 42, 99
Geschätzte Varianz-Kovarianz-Struktur
  Faktorenanalyse 84
  Pfadmodell/SEM 56, 57
  Regression 34, 37
Gewichtung 15
  svy:sem 15, 116
  svyset 15
Gruppenvergleich 53, 165
  , group() 53, 101, 165

H

Hauptkomponentenanalyse *Siehe PCA*
Heywood Case 111, 123

I

Identifikation
  CFA 82
  EFA 81
  Faktorenanalyse allgemein 80
  Identifikationsregel 117
  nicht-rekursive Modelle 53
  SEM allgemein 117
Indikatoren
  Effektindikatoren 74
  Kausalindikatoren 101
Inkonsistenz 65, 68
Interaktion 53, 166
  generate 53
  Gruppenvergleich 53
  Produktterme 53
Intercept *Siehe Konstante*
Item response theory 73
  irt 74

K

Kausalhypothesen 8, 9, 25, 47, 52, 137
Klassische Testtheorie (KTT) 11, 59
Konfirmatorische Faktorenanalyse *Siehe CFA*
Konstante 24, 25, 31, 34, 76
  , nomeans 49, 76

Index

Konvergenzprobleme 111, 122
Korrelation 24
   correlate 25
   Multiple Korrelation 42
   Partialkorrelation 28
   Pearson 24, 25, 115, 139, 169
   Polychorisch 166
   Stärke der Korrelation 152
   Tetrachorisch 166
Kovarianz 24
   , covariance 24

L

Latente Variablen
   Alternative Messmodelle 73
   Großschreibung 15, 77
   Identifikation 80
   Interaktion 166
   Konstrukte 10
   , latent( ) 69, 77
   , nocapslatent 16, 77
   Skalierung 80
Lineare Regression 5, 8, 25
   regress 27, 31, 153

M

Matrixschreibweise 21, 31, 33
Maximum-Likelihood *Siehe Schätzverfahren*
Messfehler
   Auswirkungen 62, 65, 68
   KTT 60
   Methodeneffekte 88
   Systematische Messfehler 88
   Unsystematische Messfehler 11, 65
Messmodell 7, 10
   Average variance extracted (AVE) 87, 148
   Bi-Faktorstruktur 90
   Faktoren höherer Ordnung 90
   Formatives Messmodell 74, 101
   Item-parceling 91
   KTT 59

MIMIC 100, 102
MTMM 88
Multi-Gruppen-Faktorenanalyse 101, 165
Parallel 61, 86
Reflektives Messmodell 74
Tau-äquivalent 86, 95
Meta-Analyse 71, 166
Methodenfaktoren 89, 91
Minderungskorrektur 63
Missing values *Siehe Fehlende Werte*
Mittelwert 7, 22, 57, 60
   Latente Variable 80, 100
   Vergleich 98, 100
Modellimpliziert *Siehe Geschätzte ~*
Modellmodifikation 12, 132, 154, 158
   EPC 132, 158
   estat mindices 132, 158
Modellschätzung 108
Modellsparsamkeit 8, 86, 109, 128, 131

N

Nested models *Siehe Geschachtelte Modelle*
Normalverteilung
   Multivariate Normalverteilung 20, 114
   mvtest 114, 141
   sfrancia 114, 141
   Univariate Normalverteilung 114
Nullhypothese in SEM 108, 125

O

Ökonometrie 5, 165
Output *Siehe Ausgabe*

P

PCA 77, 167
Pfaddiagramm 9, 21, 22, 52, 135
Pfadmodell 5, 7, 9, 47
Postestimation *Siehe estat*
Psychometrie 6

R

Rekursives Modell 120
Reliabilität 61, 92
  alpha 94, 149
  Alpha nach Cronbach 71, 87, 94
  Anforderungen (Höhe) 98
  Bekannte Reliabilität (extern) 71
  Composite Reliability 95, 96, 149
  Individuelle Messwerte 98
  Kommunalität 92, 143
  Omega 95
  Phantomvariable 96, 149
  , reliability( ) 65, 69
  relicoef 95, 149
  Stichprobe 71
Residuen 25, 26
  estat residuals 133, 160
  e.varname 40, 42, 89
  predict, residuals 30
  Residuenkovarianz 50, 88, 95, 117, 160
Restriktion 50, 107, 118
  Baseline model 126
  CFA 82
  , covstructure( ) 51, 83
  EFA 80
  Saturated model 109, 126
  @ Symbol 80, 119

S

Schätzverfahren 108
  ADF (WLS) 114, 115
  Bayes 167
  Maximum-Likelihood (ML) 17, 40
  , method( ) 113
  OLS 26
  PLS 167
  Quasi-ML 113
  Satorra-Bentler (SB) 113, 154
  WLS (robust) 167
Scheinkorrelation 9, 52
sem Befehl 1, 39, 109

Standardfehler 40, 55, 77, 113
  Bootstrap-Methode 116
  Indirekte/totale Effekte 55
  , vce( ) 40, 112, 116
Standardisierung 31, 134
  , beta 31
  e(b_std) 134
  estat stdize 56, 122, 154
  Faktorladung 75, 92
  Residualvarianz 42, 92, 93
  r(total_std) 56
  , standardized 40
  std( ) 32
  z-Standardisierung 23, 32, 80
Stata
  Kommandosprache 14
  Zusatzpakete 16
Stichprobengröße 110, 111, 112, 125

T

Test
  chi2tail( ) 130, 147
  F-Test 44
  Korrigierter χ^2-Test (SB-χ^2) 157
  Lagrange-Multiplier-Test 132
  Likelihood-Ratio-Test 126, 130, 147
  lrtest 130, 147
  nlcom 55
  Skalierungsfaktor (SB) 130
  test 122
  t-Test 40, 100
  Wald-Test 44
  z-Test 40

V

Validität 87
  condisc 88, 148
  Diskriminante Validität 88, 148
  Inhaltsvalidität 87
  Konstruktvalidität 87
  Konvergente Validität 87, 148
  Kriteriumsvalidität 87

Variablen
　Definition　19
　Drittvariable　9, 28, 51, 68
　Dummy　100
　Items　20
　Messniveau　20, 73
　Ordinal skaliert　20, 114, 166
　Schwellenwertmodell　166
　Standardisierung　23
　varlist　14

Varianzschätzung *Siehe Standardfehler*
Verallgemeinerte SEM　109, 165
　gllamm　74, 166
　gsem　165, 166

Printed by Printforce, the Netherlands